これが
マストドン
だ！

使い方から
インスタンスの
作り方まで

impress
R&D

An **impress**
Group Company

JN225778

Mastodon

目次

マストドンとはなにか

（堀 正岳）

　ここに、新しいソーシャルネットワークサービスがあります。見た目は、どこかTwitter に似ています。実際、みているだけではなんら新しいところは見つけられないかもしれません。

　しかし、その見た目の裏側に触れ、実際に使い始めてみれば、まったく新しい仕組みと可能性が見えてきます。それが、**マストドン**です。

　マストドンは元来、約4千万年前から1万1千年前まで地上を闊歩した、すでに絶滅している古代哺乳類の名前です。しかしソーシャルネットワークのマストドンは古いどころか、リリースされたのは2016年の10月と、誕生したばかりです。

　開発したのはドイツのオイゲン・ロッコ氏。弱冠24歳の新進気鋭のプログラマです。氏はTwitterが近年繰り返してきた施策、たとえばアルゴリズムによるタイムラインの表示や、サードパーティの参入を阻む変更などに不満をもっており、それがマストドンを開発する直接のきっかけとなりました。

　ロッコ氏が思い描いたのは、メールサーバーのような、あるいはRSSのような、誰でもサービスを立ち上げ、互いに短文メッセージをユーザー同士で送信し合えるサービスでした。そうして、すでに存在したミニブログのためのオープン標準、OStatusに準拠する形で作られたのがマストドンです。

　リリース当初はそれほど注目されなかったマストドンに急にユーザーが増えだしたのは2017年の3月末、Twitterが投稿への返信の表示方法を変更したタイミングです。

　この変更に我慢できなくなったユーザーたちがマストドンへ大量に流入し、4月4日の段階で登録ユーザーが4万人を、投稿数が100万件を越えるという出来事がありました。まさにマストドンが、唸りをあげて歩き始めたのです。

マストドンの特徴

　ここで、マストドンの特徴についてみていきましょう。マストドンは、Twitterと同様の、**短文投稿型のソーシャルネットワーク**です。

　ユーザーは500文字を上限とした短文を投稿し、互いに他のユーザーをフォローすることによって投稿の時系列の流れ、タイムラインを自分の交友関係や興味に基づいて編集します。これはマストドンがもっている、Twitterとほぼ共通している部分です。

マストドンのウェルカム画面

　Twitterと大きく異なるのは、マストドンが**「分散型」のソーシャルネットワーク**であることです。Twitterのように一企業のサーバーにすべてのユーザーがアクセスする一極集中型ではなく、技術をもったひとならば誰でもサーバー上にマストドンのサービスを構築することができます。こうした個々のサーバーで提供されるマストドンのサービスのことを、**「インスタンス」**と呼びます。

　ユーザーは数あるインスタンスのなかから任意のものを選んで登録して利用しますので、インスタンスは小さなコミュニティのように機能します。そして、インスタンス同士は**「連合」**（federation）という仕組みを通してゆるやかにつながり、より大きなネットワークを構築していきます。

　マストドンのソフトウェアはオープンソースとなっているため、誰でもそのコピーを入手し、改変や改良をおこなって、自分のインスタンスを立ち上げることができます。

　分散型でありながら、連合して情報をゆるやかに束ねる機能をもったオープンソースのソーシャルネットワークサービス、それがマストドンなのです。

マストドンのすべてが見えたmstdn.jpの最初の7日間

　日本においてマストドンの人気が高まったのは、欧米で注目された約1週間後、紹介されたマストドンの記事に興味をもった人物が自宅のサーバーでインスタンスを立ち上げたところからはじまりました。

　このインスタンスを立ち上げたハンドルネーム**ぬるかる氏**（@nullkal@mstdn.jp）は筑波大学・図書館情報メディア研究科に在籍している、絵を描くのが趣味の当時22歳の大学院生でした。

マストドンのホーム画面：マストドンは膨大な情報を分流して読みやすくできるように、Twitter の Tweetdeck に似たマルチカラムの UI をもっています。

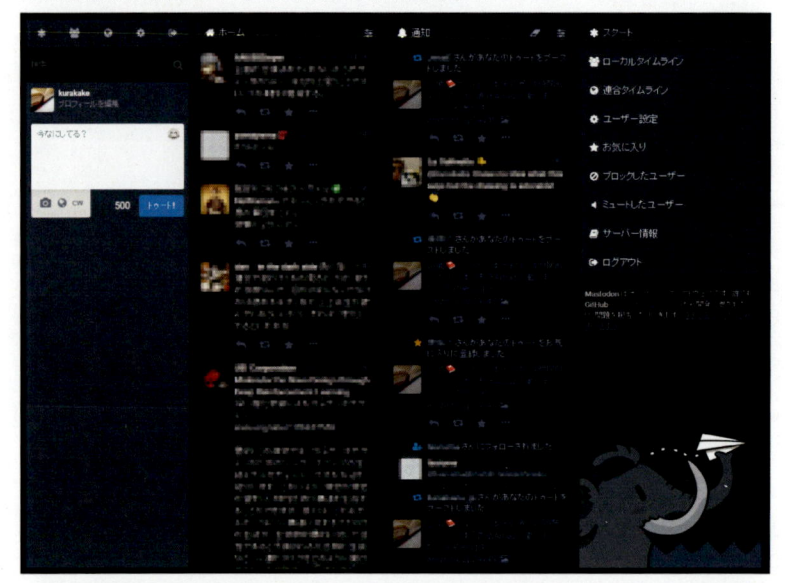

　当初は実験的に mastodon.nil.nu というドメインに立ち上がっていたインスタンスでしたが、周囲のアドバイスに従って mstdn.jp ドメインを取得してインスタンスを再度立ち上げたところ、それが多くのユーザーの目にとまることとなります。

　生まれたばかりの mstdn.jp インスタンスでは、多くのユーザーがマストドンの機能を試しながら、まるで 2007 年からの Twitter の歴史を追体験するようにタイムライン上での会話を楽しんでいました。

　立ち上がったばかりのインスタンスでも、かつて Twitter がもっていたパブリック・タイムラインのようなすべての投稿が流れるタイムラインが存在するおかげで、フォロー関係が確立する前から mstdn.jp 内の空気のようなものが共有され、広がっていったのです。

　その様子は一部で「インターネット老人会」のようだとも言われましたが、それは揶揄しているというよりは、Twitter 開始時の様子を知るユーザーたちが当時を振り返りながら、新しく登場したマストドンの特徴を見極めている様子でした。

　ぬるかる氏が mstdn.jp が自宅サーバーで運営されていることを明かして、それに驚いたユーザーたちが支援のために Amazon のウィッシュリストの品物を購入したり、ギフトカートを送信したり、投げ銭システムに 100 万円の寄付を行う人も登場したりと、事態は急速に立ち上げた本人の予想もこえて大きくなっていきます。

Pawooの登場と、mstdn.jp 2度目のサーバー立ち上げ

　mstdn.jpが立ち上がったその日の午後には、すでにユーザー層に変化が現れ始めます。イラスト共有サイトPixiv経由で数多くのイラストレーター、いわゆる「絵師」たちが参入して、自身の作品を投稿し始めたのです。この流れに呼応するように、ピクシブ社が自社のインスタンス**Pawoo（パウー）**を立ち上げ、両インスタンスは大きくユーザー数をのばしてゆきます。

　一方、自宅のサーバーで運営していたmstdn.jpはユーザー数の増大による負荷によって維持が困難になっていました。

　サーバーの維持に奮闘するぬるかる氏に対して、Microsoft Azureのエンジニアや、さくらインターネットのサービス、「さくらのクラウド」のエンジニアが支援を申し出て、mstdn.jpはさくらインターネットのサーバー上で2度目の再立ち上げを行うことになりました。

　すべてのユーザーと投稿はいったん削除され、再登録を行うという、完全なゼロからの再スタートです。

Pawooが世界のインスタンスから拒絶され、mstdn.jpが世界一のユーザー数に

　立ち上げから1日で1万人のユーザー数に成長していたPawooインスタンスでしたが、Twitter社の表現規制によるアカウント凍結などに不満をもっていたユーザーたちが、実験的な意味もふくめて多くのエロ表現の含まれる投稿を増やしていたところから事件が発生します。

　日本では問題にならないイラストレーションのエロ表現でも、欧米では法律やモラルに抵触する危険性が高いことから、世界の主要なインスタンスから「連合」を見合わせるという通告をうけてしまったのです。

　世界の側から見ればインスタンス同士の国交断絶にみえるこの出来事は、**国内と海外のインスタンスの投稿基準をどのようにすり合わせるのか**という、マストドンに内在する大きな問題を提起することとなりました。

　その頃、さくらのクラウド上で比較的安定した稼働をするに至ったmstdn.jpのユーザー数は6万人を超え、ついに世界最大のインスタンスにまで成長したのでした。

　ぬるかる氏が自宅サーバーでmstdn.jpを立ち上げてほぼ一週間で、ユーザー数は8万人、投稿数は100万件を越え、一般のアーリーアダプター層だけでなく、たとえば日産自動車が企業専用アカウントを作成するまでにマストドンの認知は広まりました。

マストドンのこれから

　日本においてマストドンが始まった最初の7日間には、マストドンのすべてがすでに予告されているといってもよいでしょう。

　分散型SNSであるために、誰でも、たとえ自宅サーバーでも、インスタンスを立ち上げることができたということ。たとえインスタンスが消えたとしてもそれを再度立ち上げたり、別のインスタンスを立ち上げることが迅速に可能なこと。

　これはマストドンがユーザー数の拡大やトラブルに対して柔軟に対応できる仕組みをもっている反面、個々のインスタンスの運営者の負担軽減をいかに行うかという課題も浮き彫りにしています。

　世界のインスタンスによるPawooに対する連合拒否というできごとは、国境、法律、文化の違いをまたいだインスタンス間の交流の難しさを表面化したとともに、インスタンス運営のありかたについても問いを投げかけています。

　独自のルールを適用したインスタンスを他と交わらずに維持すべきなのか？それともルールを徹底することでより広い世界との交流を可能にするべきなのか？それを判断するのは誰で、誰が違反を取り締まるのか？

　こうしたすべてが、マストドンのもっている特徴であり、課題そのものであり、未来への可能性といってよいのです。

　本書では、まだ始まったばかりのマストドンについて、その使い方から、技術的特徴、あるいは可能性について語り尽くすための専門家が集結しました。

　本書を通して、なじみがあるのにまったく新しい、マストドンの世界を楽しんでいただければ幸いです。

《参考》

1. The Verge ："Mastodon.social is an open-source Twitter competitor that's growing like crazy"

   http://www.theverge.com/2017/4/4/15177856/mastodon-social-network-twitter-clone

2. Mashable ："Bye, Twitter. All the cool kids are migrating to Mastodon

   http://mashable.com/2017/04/04/mastodon-twitter-social-network/

3. ITmedia：「世界最大の『mstdn.jp』を立ち上げた大学院生"ぬるかるさん"は一体何者か　その素顔とドワンゴ入社が決まるまでの10日間に迫る」

   http://www.itmedia.co.jp/news/articles/1704/24/news045.html

マストドンを始めてみよう！

登録方法／インスタンス選び／ツールガイド／使いこなし
（堀 正岳）

マストドンへの登録の仕方

　マストドンに登録するには、受信することが可能なメールアドレスがあれば十分です。ただし、そもそも初めに登録先を選ばなくてはいけません。そのために「インスタンス」についてまず理解しておきましょう。

インスタンスを選ぼう

　マストドンを始めるにはまず、どのインスタンスに登録するかを選ばなくてはいけません。技術的な話題で盛り上がっているインスタンスもあれば、アニメやイラストの話題のインスタンスもあるでしょう。特定の趣味やサークル、あるいは企業や個人的な友人の集まりのインスタンスも今後数多く生まれるはずです。

　もしわからなければ、まずは世界で最大規模のユーザー数が登録している、日本語を中心としたインスタンスであるmstdn.jpに登録することをおすすめします。

インスタンスに登録する

　mstdn.jpをブラウザで開くと、ウェルカム画面が表示されます。ここにユーザー名とメールアドレス、そしてパスワードを入力して「参加する」をクリックします。

　ユーザー名は、このインスタンスに固有のユーザー名で、半角英数と数字、そしてアンダースコア（_）のみが使用可能です。すでにそのユーザー名が他の人にとられている場合は、別の名前で登録します。ユーザーIDは変更不能ですので、注意深く設定してください。　クリックすると、登録確認用のリンクが含まれたメールが、入力したメールアドレスに届きますので、このリンクをクリックしましょう。迷惑メールフォルダに入っている場合もありますので注意してください。

インスタンスを開いたときのウェルカム画面

　確認リンクをクリックすると、先ほど登録したメールアドレスとパスワードでログインを求められます

ログイン画面

ログイン後のオープニングメッセージ

　無事ログインができれば、オープニングメッセージの含まれた画面が表示されます。これでマストドンの、このインスタンスへの登録は終了です。

　マストドンのインスタンスは、メールサーバと同じようにそれぞれが独立しています。そのため、別のインスタンスに登録したい場合は、そのつど、同じ手続きを踏む必要があります。その際、ユーザー名やメールアドレスは同じでもかまいませんが、パスワードはそれぞれ個別にすることが重要です。

プロフィールを設定する

　アカウントを作成したら、まずプロフィールを設定しましょう。

　プロフィールは、一番左のタブに表示されているユーザーIDの下の「プロフィールを編集」のリンクをクリックして編集します。

　プロフィール編集画面の「表示名」はユーザーIDではなく、タイムラインで他のユーザーが見ることになるあなたの名前です。実際の名前でもよいですし、ペンネームでもよいでしょう。絵文字なども利用可能ですので、個性豊かに設定してください。

　プロフィールは、一行の自己紹介欄です。160字までで、ここにあなたが他のユーザーに知ってほしい自己紹介を書き込ます。

　アイコンとヘッダもぜひ設定しましょう。アイコンは2MBまでの容量のPNG、GIF、

プロフィールはユーザーID下の「プロフィールを編集」から

JPG形式の画像が利用可能で、120x120ピクセルに縮小されて表示されます。

　ヘッダは、他のユーザーがあなたのプロフィール画面を表示した際に背景に表示される画像で、700x335ピクセルに縮小されて表示されます。

プロフィールにはアイコンの他に自己紹介が表示できる.

マストドンの投稿は「トゥート」

　Twitterで投稿のことを「ツイート」というように、マストドンでは**「トゥート」**といいます。これは英語ではクラクションや角笛などを大きく鳴らして知らせることを意味します。

　それでは、マストドンにはじめての投稿、「トゥート」をしてみましょう。

はじめてのトゥート

マストドンのトゥート欄

　トゥートを行うには、一番左のテキスト入力欄を使用します。

　Twitterと同様、「今なにしてる？」の欄に文字で投稿を入力していきます。文字数の制限は500文字となっていて、半角でも全角でも1字は1字にカウントされますので、かなり長い投稿も可能です。もっとも、ユーザーが多いインスタンスではタイムライン上でそれが表示されるのは一瞬のことかもしれませんので、文章の長さは読む側のことを考えて適宜調整しましょう。

　投稿には絵文字を入力することも可能ですし、投稿欄の絵文字アイコンをクリックすると、絵文字を検索して簡単に入力することも可能です。

　投稿する文章を書き終えたら、「トゥート！」をクリックします。画面の「ホーム」タブにあなたの投稿が反映されるはずです。

「トゥート！」をクリックで投稿される

画像を投稿してみよう

マストドンでは画像や動画も簡単に投稿することができます。

画像を投稿するには、投稿欄のカメラアイコンをクリックし、ファイルを添付することで追加することができます。

または、もっと簡単な方法として、ファイルを直接マストドンが開いているブラウザ上にドラッグ＆ドロップすることで添付することも可能です。

画像は全体で4MBを上限として、4枚まで添付することができます。また、画像を添付した際にそれぞれの画像へのリンクが投稿欄に表示されますが、これは削除しても問題なく画像は投稿されます。

いったんアップロードした画像を削除したい場合は、トゥートを投稿前ならば写真上に表示された「×」マークをクリックすれば削除することができます。

動画やGIFアニメも投稿できる

マストドンでは、動画やGIFアニメも投稿することも可能です。

GIFアニメについては、通常の画像と同じように添付することで投稿することが可能です。動画についてはMpeg4形式か、Googleが提唱するロイヤリティフリーな動画フォーマットであるWebP形式である必要があります。

ファイルの容量はここでも4MBが上限となっています。

きわどい投稿はCWとNSFWを活用しよう

映画のネタバレ投稿や、フォロワーの一部にとって気にさわる可能性のある文章や画像は、伏せて投稿することが可能です。これがトゥートのCWとNSFW機能です。

カメラアイコンで画像を添付できる。容量は4枚合計4MBまで

　文字の一部を伏せたい場合は、**CW機能**を使います。CWとは「Content Warning」、つまり閲覧注意という意味です。

　投稿内容を書いてから、「CW」ボタンを押すと、投稿欄の上に「閲覧注意」という欄が新たに表示されます。この「閲覧注意」の部分はフォロワーに表示される部分ですので、注意を喚起する文章、たとえば「映画のネタバレです」と記入して投稿します。

　CWがつけられた投稿についてはこの前文の部分だけが表示され、残りの投稿は「もっと見る」をクリックしなければ表示されません。

　注意したいのは、現時点の仕様では「閲覧注意」と書かれた前文の欄を入力しない場合、隠したい内容がそのままタイムラインに流れてしまいます。

画像を伏せるにはNSFW機能を使う

　閲覧に注意が必要な、たとえばエロ表現や残酷表現がある画像は**NSFW機能**を使って伏せることができます。

　NSFWは「Not Safe For Work」、つまり「職場での閲覧に向かない」という意味で元々

CW は閲覧注意

ネタバレ投稿にも使える

は職場で開くことがはばかられる画像のことを指していました。ここでは、フォロワーにそのまま表示したくない画像全般のことを指しています。

NSFW画像を投稿するには、画像を添付したのちに、NSFWボタンをクリックします。

　投稿された画像はこのように「不適切な画像」としてクリックしなければ表示されないようになります。

CW と NSFW の使い方には注意しよう

　CW と NSFW の本来の使い方は、配慮すべきコンテンツを表示するかどうかの選択権をフォロワーに与えることにあります。
　フォロワーにとって、そして世の中一般においてなにがセーフで、なにがアウトかの

NSFW で画像を伏せる

クリックしないと表示されない

基準は必ずしもあなたの基準とはあわないかもしれません。また、国境を越えた別の国ではあなたの投稿した画像は閲覧しただけで違法になる可能性もあるのです。

そうしたとき、「この程度の発言は大丈夫」「この程度のエロは大丈夫」という認識は

危険です。あなたが同意するかしないかではなく、もしフォロワーにとって迷惑になる可能性が少しでもあるならば、表示するかどうかの選択権をフォロワーに与えましょう。

　また、CW や NSFW 機能を使っていても、他人の名誉を毀損する発言、ヘイトスピーチ、嘘や流言、違法な画像の流布はそれ自体が犯罪となりますので、やめましょう。

ハッシュタグを活用する

　Twitter同様、トゥートではハッシュタグを利用することができます。#記号のあとに任意の文字列を書くことで、そのトゥートが何の話題であるかを明示するのに使います。

　たとえば「#introductions」は欧米のマストドンでよく使用される自己紹介用のハッシュタグです。

　投稿されたトゥートでハッシュタグをクリックすると、そのタグの話題を検索して表示することが可能になります。

トゥートを削除する

　うっかりと、投稿するつもりがなかったことを投稿してしまった場合は、トゥートを消すことができます。

投稿はメニューから削除する

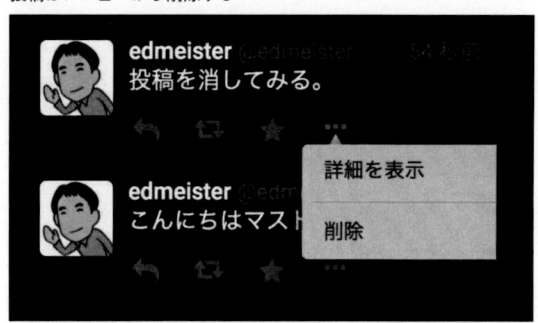

　ホームのタブ、あるいはプロフィール欄に表示されたトゥートの一番右側のメニューをクリックし、削除を選択し、トゥートを削除します。注意が必要なのは、**所属するインスタンス以外に送信されたトゥートは削除できない**点です。うっかり投稿のリスクはTwitterよりもマストドンのほうがむしろ高いのです。

タイムラインを楽しもう

ソーシャルメディアであるからには、マストドンの楽しみは他の人の投稿をみて、会話に参加してゆくところにあります。

マストドンの投稿はTwitterによく似たタイムライン上で表示されますが、いくつか重要な違いがあります。それが**「連合タイムライン」**というマストドン特有の表示欄です。

マストドンの画面構成

マストドンの画面は、左から投稿欄、ホーム、通知欄となっています。

マストドンは4画面構成

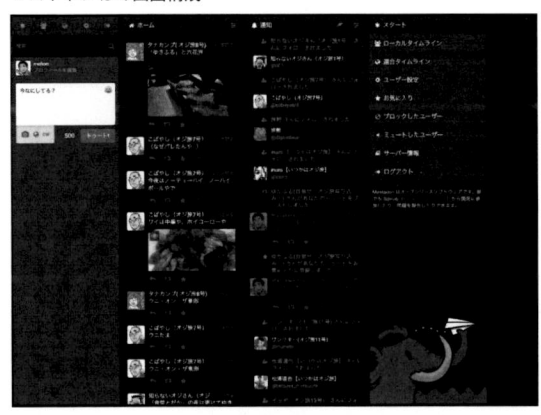

ホームは、あなた自身と、あなたがフォローしたユーザーのトゥートが逆時系列順に流れていきますので、比較的流速が遅く、興味の近い人の投稿が流れてゆく傾向があります。

通知欄は、あなたのトゥートに対していいねを行ったり、ブーストをした人の通知、あるいは直接会話をしているトゥートが表示されます。

その右側は、タイムラインや、他のユーザーのプロフィール欄を表示するタブとなっています。

まずはここで「連合タイムライン」をクリックして、マストドン体験を始めてみましょう。

連合タイムライン

連合タイムラインを表示すると、あなたが属しているインスタンスのユーザー数にもよりますが、数多くのトゥートが流れてゆくのをみることができます。

mstdn.jpのようにユーザー数が多いインスタンスの場合、目にも止まらない速さでトゥートがスクロールしていくことと思います。

この連合タイムラインが、すべてユーザーの投稿が流れてゆく、いわゆる公共の場所です。ここから、興味のある話題を拾い出したり、面白そうな人をフォローしていきましょう。

もし、連合タイムラインのスピードがあまりに速すぎるときには、タブを下にスクロールさせると一時的に流れをとめてトゥートをゆっくりと読むことができます。もう一度タブを一番うえにスクロールさせると、自動的にトゥートが流れるように戻ります。

ローカルタイムライン

連合タイムラインと並行して存在するのが、**「ローカルタイムライン」**です。この二つの違いは、ユーザー数の少ないインスタンスにアカウントを作成すると特に顕著です。

さきほど、連合タイムラインは「すべてユーザーの投稿が流れてゆく公共の場所」と多少あいまいに書きましたが、分散型SNSであるマストドンでは、複数のインスタンスの投稿をまとめることも可能です。

インスタンス同士は「連合」をして、互いの投稿がお互いに表示できるように設定が可能なのです。ですので、先ほどの説明をより正確に書くなら、連合タイムラインとは：

1．あなたのインスタンスのユーザー
2．あなたのインスタンスが連合している他のインスタンスのユーザー
3．あなたがリモートフォロー（後述）しているユーザー

のすべてが流れてゆく場所ということになるのです。

ただし、これではあまりに投稿が多すぎて流速が速いという場合もありますし、また自分のインスタンスの仲間の投稿だけをみたいという場合があります。

そうしたときにローカルタイムラインを表示すれば、自分のインスタンスのユーザーのみを表示することが可能です。上の箇条書きでいえば、1のみが表示されるわけです。

mstdn.jpのような巨大なインスタンスにいると、連合タイムラインとローカルタイムラインの違いはわかりにくいかもしれません。

しかし注意してみていると、mstdn.jpの連合タイムラインには、連合している英語圏

のトゥートも時折流れてくるのに気づくでしょう。

　この仕組こそが、分散型SNSであるマストドンの最大の魅力といっていいのです。

他のユーザーをフォローする

　面白そうなアカウントを見つけたら、その人をフォローしましょう。アカウントをフォローするには、まずその人のプロフィール欄を表示します。

アイコンか名前をクリックする

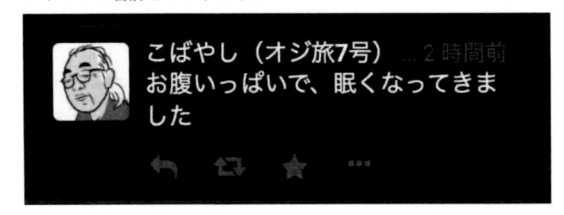

　プロフィール欄の表示はトゥートのアイコンか、名前の部分をクリックします。

右のタブがプロフィール欄になる

　すると、右タブがプロフィール欄になりますので、左上の「＋」アイコンを利用してフォローします。フォローしたユーザーは今後、あなたのホームタブで表示されるようになります。

フォローを返したいときは

　トゥートをしていると、他のユーザーからすぐにフォローされるようになります。その場合は、通知欄に表示が現れますので、そこから直接フォローを返すことができます。

フォローされたときの通知画面

「お気に入り」と「ブースト」でトゥートに反応しよう

　面白いトゥートを見つけたら、反応してあげましょう。トゥートへの反応の仕方は、「お気に入り」と「ブースト」があります。あるいは、直接そのユーザーに返信をしてもかまいません。

3つの機能から選ぶ

　トゥートの下に表示されているアイコンが、左から返信、ブースト、お気に入りとなっています。

返信アイコンをクリックした場合、左の投稿欄に対象となるトゥートと返信欄が表示されますのでそこからトゥートを作成して返信します。

　「お気に入り」は、現時点では一覧表示がありませんので、主にトゥートしたユーザーに対して応援や賛意などを伝えるために行います。お気に入りしたことは相手の通知欄に表示されますので、気に入ったトゥートにはどんどんとお気に入りをつけて気持ちを伝えましょう。

　「ブースト」はTwitterの公式RTと同様の機能で、ブーストしたトゥートをあなたの公開タイムライン上に表示し、あなたのフォロワー全員に見れるようにします。

　ブーストはトゥートを広めるために使いますので、フォロワーに対して紹介したいトゥートを中心に、効果的に使いましょう。

非公開トゥートはブーストできない

後述する「非公開」なトゥートについてはブーストすることができませんので鍵マークのアイコンが表示されます。

　また、分散型SNSというマストドンの性質上、**ブーストを取り消すことはできません**ので注意してください。

トゥートの見え方を変える

　連合タイムライン上には、すべてのトゥートが流れているわけではありません。一部のトゥートはフォロワーのみに、あるいは特定のユーザーのみにむけて投稿することが可能です。

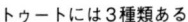
トゥートには3種類ある

　トゥートはデフォルトでは「公開」つまり誰でも閲覧することが出来る状態で投稿されます。マストドンではこれに加え「未収載」「非公開」そして「ダイレクト」の三種類の公開範囲が存在します。

　投稿範囲は、トゥート投稿欄の地球アイコンをクリックすることで変更することができます。

　「未収載」（英語ではUnlisted）は公開タイムラインにおいて投稿が表示されない設

定です。あなたのフォロワーは、ホームのタブであなたの投稿を確認することができますし、まだあなたをフォローしていないユーザーはあなたのプロフィール欄を開いた際にその投稿をみることができます。公開の場で不特定多数の目にあまり目立つように投稿したくない場合に使用しましょう。これに対して、**「非公開」**はあなたのフォロワーにのみ投稿が表示されるようになります。

ダイレクトは私信になる

　「ダイレクト」は特定ユーザーの私信に使います。一見、普通のトゥートにみえますがダイレクトで送信されたトゥートはブーストのアイコンが便箋になっていますので、私信であることがわかります。

他のユーザーにメンションを送る

　返信ではなく、トゥートのなかで他のユーザーに言及したい場合は、Twitterと同様に**「@ユーザーID」**の記法でメンションを送ることができます。

　こうしたトゥートはフォロワーからも閲覧可能ですし、メンションを送られた側には通知が表示されます。

　ただし、「@ユーザーID」の記法は同一インスタンス内のユーザーにメンションを送るときに限られることに注意してください。

　後述するように、リモートフォロー機能を使ってフォローしている他のインスタンスのユーザーにメンションを送る場合は**「@ユーザーID@インスタンス名」**と、その人を特定できるように記述する必要があります。

　まとめると、公開範囲によるトゥートの見え方は以下のようになります。

見たくないトゥートが流れてきたら

　ソーシャルメディアである以上、なかには読みたくない内容のトゥートや、画像が流れてくることもあります。

　そうした場合には、「ミュート」「ブロック」といった手段や、管理者にそのアカウントを報告するという手段をとることができます。

トゥートのプライバシー設定	プロフィールページでの可視性	パブリックタイムラインでの可視性	他インスタンスに送信されるか
パブリック	誰でもみえる	誰でもみえる	送信される
未収載	誰でもみえる	不可視	送信される
非公開	フォロワーのみ	不可視	リモートユーザーにメンションしたときのみ
ダイレクト	不可視	不可視	リモートユーザーにメンションしたときのみ

見たくないユーザーはミュートできる

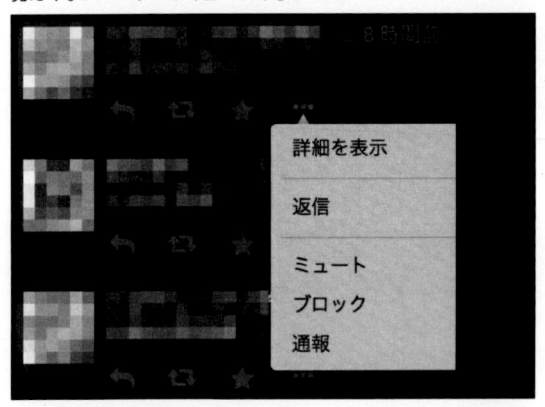

　ミュートやブロックを行うには、トゥートのプルダウンメニューから選択します。

　「ミュート」は、相手が自分のトゥートを見ることはかまわないものの、そのアカウントからの通知をすべて非表示にしたいときに使います。ミュートは、例えばしつこくメンションを送ってくる人、ブーストばかりでホーム画面のノイズを増やしている人の表示を減らしたいという場合に使用するのが一般的です。

　「ブロック」はそのユーザーの投稿がタイムライン上で表示しないようになり、相手もあなたの投稿を見ることができなくなります。

　ただし、これは相手のユーザーがインスタンスにログインしている場合のことであって、その人がログアウトしてあなたのプロフィール欄の公開トゥートを見ることを妨げる方法はありません。

　悪質な違反行為をしているユーザーをみかけたなら、**アカウントを管理者に報告**することもできます。

　ただし、マストドンのインスタンスはTwitterのような大企業によって管理されているわけではなく、違反行為の報告に対応する負担はとても大きいことがありますので、

報告する必要がある重大なケースをのぞき、ブロック機能を利用することをおすすめします。

　また、なにが違反となるかは、インスタンスごとにポリシーが違う場合もあることも留意する必要があります。

マストドンを便利にするツール

　マストドンは始まったばかりのサービスですので、閲覧と投稿を便利にするツールはまだまだこれから開発されることでしょう。ここでは、本稿執筆時点で比較的安定しているツールやアプリに限定して紹介します。

Tooter

　Twitterとマストドンに同様の内容を投稿したい場合に利用できるのがChromeの拡張機能「Tooter」です。

　Tooterは特にTwitter社のTweetdeckサービスを使用している場合に便利で、Twitterとマストドンの両方、あるいは片方だけといったように選択肢して投稿することができます。

Pawoo

Pawooは、ピクシブ社が開発したAndroidアプリです。ピクシブのインスタンスである pawoo.net だけでなく、任意のインスタンスにログイン可能で、タイムラインの閲覧、トゥートと画像の投稿（現時点で1枚のみ）などといった基本的な機能を網羅しています。

Amaroq

Amaroqは iOS 上でのクライアントアプリです。公式のマストドンが提供している機能はほぼ網羅しており、環境設定の編集もアプリ内から行うことが可能です。

Amaroqを使用する際に注意が必要なのは、デフォルトではトゥートは「Unlisted（未収載）」に設定されているという点です。ローカル、あるいは連合タイムラインにトゥートを表示したい場合はこの設定を「Public（公開）」に変更しましょう。

Mastodon-iOS

Mastodon-iOS は Amaroq と同じく iOS 用のマストドンクライアントですが、複数のインスタンスにログインして切り替えながら使用できるところが特徴です。

さらにマストドンを使いこなす

　ここまでの内容で、マストドンのインスタンスに登録して楽しむための知識としては十分です。しかし、インスタンスをまたいでユーザーをフォローしたり、話題やユーザーを探すにはさらに便利な使い方があります。

リモートフォロー

　マストドンは分散型のソーシャルネットワークですので、同じインスタンスのユーザーをフォローするだけではなく、異なるインスタンスのユーザーをフォローすることもできます。インスタンスをまたいだフォローのことを、通常のフォローと区別する場合には**「リモートフォロー」**と呼びます。

　連合タイムライン上に表示されている異なるインスタンスのユーザーをフォローする際に、実はリモートフォローをしていることを意識することはないかもしれません。ただし、そうしたユーザーの個別ページを開いた場合には「リモートフォロー」という表示がされます。

　この場合「リモートフォロー」のボタンをクリックすると、ユーザー名とドメインを入力する画面が表示されます。

　ここに**「ユーザー名@インスタンス名」**という形式で、あなたの情報を入力すれば
フォローのリクエストが送信されます。

　一見複雑にみえますが、この仕組みはたとえばあなたのインスタンスが連合していない
小規模のインスタンスのユーザーをフォローする際などに活用することができるのです。

ホームにフィルターをかける

　ホームタブの設定欄から、タイムラインに流れてくる投稿のうち、ブーストや返信の
表示・非表示を切り替えることができます。

　また、特定のキーワードが表示されないように、正規表現を用いたフィルターを作ること
もできます。トゥートの表示のされ方を理解しないといけないので利用方法は多少複雑で
すが、いくつかをコピーして用意しておくとよいでしょう（以下、@pacochi@pawoo.net
氏の調査したまとめから編集して作成しました）。

正規表現	内容
`^(?![\s\S]*文字列)[\s\S]*$`	「文字列」の含まれるトゥートを表示
`^(?![\s\S]*/media/)[\s\S]*$`	画像・動画が添付されたトゥートを表示
`^(?!@)[\s\S]*$`	返信のみ表示
`[\s\S]{140}`	140字より短いトゥートを表示
`^[\s\S]{0,140}$`	140字より長いトゥートを表示

通知機能を調整する

　マストドンでのユーザーのアクティビティは非常に高いので、お気に入りやブーストのたびに通知が届くとわずらわしい場合があります。
　そうしたときは通知欄のメニューを使用すれば、フォロワーが増えた際、ブースト、お気に入り、返信が届いた際のそれぞれについてカラムに表示させるか、デスクトップ通知を行うかといった調整を行うことができます。

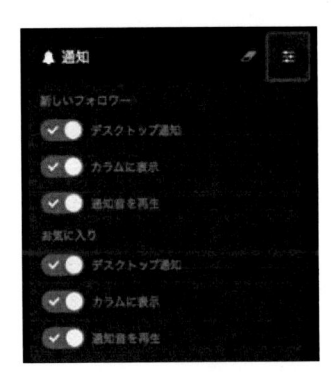

メール通知と、通知のブロック機能

　フォローリクエストが来たときや、返信があったといった重要な通知についてはメールで受け取ることも可能です。この設定はユーザー設定欄から柔軟に行うことができます。ただし、メール送信は小規模なインスタンスにとって負担になることもありますので、量に配慮するようにしましょう。

　また、このユーザー設定欄からは、フォロワー以外からの通知をブロックするなどの設定も行うことができます。

非公開アカウント

　非公開アカウントは、トゥートのデフォルトの公開範囲をフォロワーのみにし、他のユーザーにフォローされた場合も手動でそれを承認するようにする、プライバシーの高い状態にアカウントをおく設定です。
　アカウントを非公開にするには、ユーザープロフィールの設定欄の一番下、「非公開アカウントにする」のチェックボックスを有効にします。

データのインポート、エクスポート

　マストドンでは、インスタンスからインスタンスにアカウントを移行することも珍しくありません。そのたびに同じユーザーをフォローするのは大変ですのでフォローしているユーザー、あるいはブロック・ミュートしているユーザーの一覧をCSV形式でエクスポートすることができます。

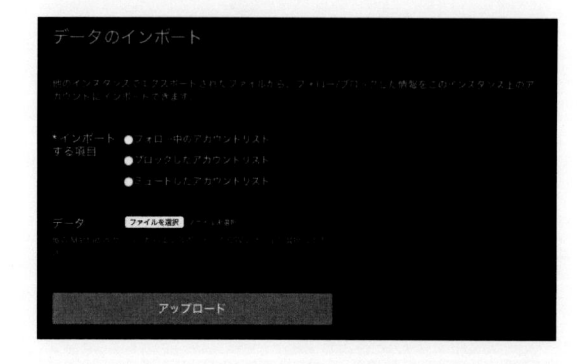

　また、こうしてエクスポートしたデータをインポートする際も、ブロック、あるいはミュートしたユーザーを含めるか選択することができます。

〈マストドンにおけるプライバシーの留意点〉

　マストドンにおいてはトゥートの公開設定に「パブリック」「未収載」「非公開」「ダイレクト」があるとすでに解説しましたが、これに非公開アカウントの設定を組み合わせることで便利な利用方法があります。

　たとえばふだんは非公開のアカウントに設定してフォロワーにだけ見えるトゥートをして、PR用のトゥートを投稿するときだけ、そのトゥートをパブリックに投稿することができるのです。

　ただし注意すべきなのは、マストドンにおいてはインスタンスが変わると、ポリシーや実装に違いがある可能性がある点です。

　たとえば非公開やダイレクトのトゥートは基本的にはブーストできない仕様になっていますが、トゥートが届いた先のインスタンスがそうした運用をしている保証はありません。

　トゥートはシステム上暗号化していませんので、非公開のトゥートであってもインスタンスの管理人が情報を悪用しないという保証もありません。

　今後独自仕様の実装のマストドンインスタンスが増えたり、悪意をもったインスタンスが現れた場合、インスタンス管理人が情報を悪用したり、あなたをリモートフォローしているアカウントが届いた情報を意に反する形で拡散する可能性も否定できないのです。

　こうした懸念点に注意を促すために、マストドンの公式ドキュメントでは、秘匿しなければいけない会話はそもそもマストドン上でしないように奨励しています。

　メールを送信するときや、クラウド上にファイルを置くときと同様に、マストドンにおけるプライバシーの特徴に留意して、思わぬ情報の流出がないように注意しましょう。

　さて、駆け足でしたが、これでマストドンを楽しむための情報はほぼ網羅できました。

　しかし、マストドンはまだ若いソーシャルネットワークです。今後新しい機能がゆるやかに導入されたり、インスタンス独自の実装なども進んだりすることでしょう。

　マストドンの進化は、まだまだこれからなのです。

特別インタビュー：絵師とブロガーはマストドンをどうみたのか？

吉田誠治／コグレマサト（聞き手：堀 正岳）

　この章ではマストドンが話題となってすぐに参加された二人の方にフォーカスをあて、インタビュー形式でマストドンの魅力についてお聞きしたいと思います。

　前半では、マストドンの人気に火がついた直後にその魅力にいち早く気づいた「絵師」、つまりイラストレーションを趣味や職業にされ、活発に作品をウェブ上で発表している方に着目します。

絵師たちがマストドンにみる「未来」：イラストレーター吉田誠治さん

　マストドンの話題が急速に広まった背景には、初期に大勢の絵師たちがアカウントを作成し、活発に投稿をしたという流れがありました。それは1章で紹介したPixivが運営するインスタンス、Pawoo開設のきっかけにもなりました。

　なぜ、絵師の人々は新しいソーシャルネットワークに敏感なのでしょう？そしてマストドンにどんな未来を感じているのでしょうか？こうした疑問をイラストレーターで、背景グラフィッカーの吉田誠治さん（@ysd@pawoo.net）にうかがいました。

——吉田さんのイラスト関係のお仕事について聞かせてください。ふだんはどのような作品を描かれているのですか？

フリーランスで、主にPCゲームの背景グラフィックを制作しています。また、たまにライトノベルの挿絵などイラストの仕事もしますし、今年度からは京都精華大学の非常勤講師として、月一回ですが授業もしています。

——吉田さんは美しい背景画像のメイキングをTwitter上にGIFで紹介したり、YouTube動画でもメイキング画像を投稿しておられます。これらはどのような意図で制作され、投稿されているのですか？

もともと僕は背景を描くのが好きで、背景が入っている絵を見るのも好きなのですが、絵

を描く方には背景が苦手という人が多く、もっと背景を好きな人が増えてほしいと思っていました。

背景業界は人手不足なので、単純に同業者が増えてほしいというのもあります。僕が背景（むしろ風景画ですが）を楽しいと思えるのは、以前BSで放送していた「ボブの絵画教室」の影響が強いので、同じように描いていく過程を見せたら、背景を好きになる人も増えるのでは、と思って制作過程を公開するようになりました。

始めてから気付いたのですが、制作過程自体は絵を描かない人にも楽しめるようで、今では背景を好きになってもらいたいという目的だけでなく、単にエンタテインメントとしても楽しんでもえればと思って投稿しています。

吉田さんのマストドンでのプロフィール欄。冒頭の投稿はGIFアニメーションになっていて作品のメイキングを見ることができることが人気を集めている。

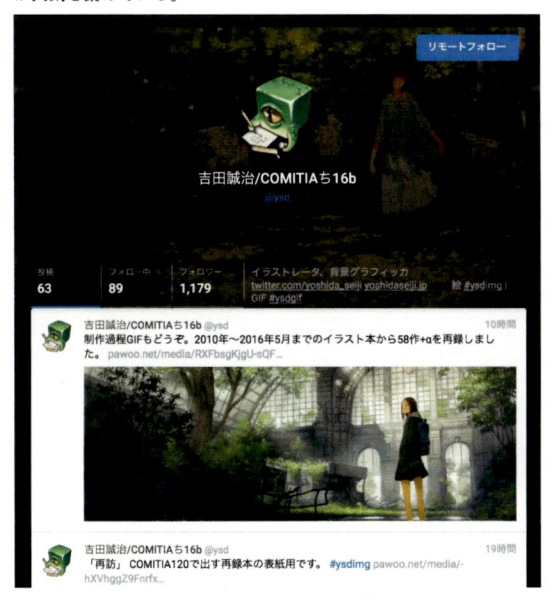

────マストドンには早い段階で多くのイラストを書く人々、通称「絵師」のかたが参入していたように思います。どうしてこのような現象がおこったとお考えですか？

もともとTwitterでは、昨年あたりから成人男性向け漫画家（いわゆるエロ漫画家）のアカウント凍結が増えていたり、Twitter社の赤字問題が報道されたりして、特にTwitterを頻繁に使用している漫画家やイラストレーターの間で不安が広がっていました。

そういう人たちの受け皿として、マストドンが登場したタイミングは最高だったと思い

ます。またローカルタイムラインで「フォローされていない誰かの目にも触れる」という ところや、リツイート数などがすぐには分からないので数字を気にしないで済む、というのもTwitterにはない魅力ですね。

基本的な操作感はTwitterと似ているものの、そういった細かい点が絵描きに有利な方向にアレンジされていて、とても新鮮で住み心地が良いと感じられるのだと思います。

――吉田さんはTwitterでも作品のポートフォリオを公開されていますが、マストドンでもすぐに代表的なお仕事についてトゥートされていましたね。あれは自己紹介のようなものなのでしょうか？

もちろん自己紹介が大きな目的です。ただ他にも、僕が登録した段階ではイラストの投稿は成人向けばかりだったので、全年齢向けの絵も投稿することで、ユーザーの多様性を確保したかったというのもあります。

吉田さんのポートフォリオ投稿の一つ。フォローしていなくても、タイムライン上でこうした投稿を発見してフォローするユーザーも多い。

――イラストを書く人たち、いわゆる絵師の人たちの新しいソーシャルメディアへの感度の高さは、もっと作品をみてもらうための「投稿先」を常にもとめている熱意の表れのように私は思っていますが、そうしたものを、ご自身や、周囲のイラストレーターをみて感じられますか？

特別そうは感じません。得意な人もいれば不得意な人もいて、得意な人が目立つだけだと思います。実際、現状ではまだ成人男性向けのイラストが多く、全年齢向け（いわゆる創作系）や女性向けの投稿はあまり見かけません。Instagramなどその他の画像投稿サイトについても、積極的な人と消極的な人がいます。

ただ、今回のように新しいサービスが開始されると積極的に飛び込んでいく人が多いのも事実です。特に漫画家やイラストレーターは、パソコンで作業している人が多いので技術的なハードルも低いですし、「絵」という分かりやすい素材のおかげで投稿内容にも困らないため、特に目立つのではないでしょうか。

表現規制ではなく、ゾーニングで対処できるマストドンは健全

——Pixivの Pawooインスタンスでエロ画像の投稿によって海外インスタンスから連合を拒否された出来事についてはどう思われますか？

これはマストドンの良い部分が表出した現象だと思います。通常のSNSだと、世界中どこからでも見られる関係上、様々な国や文化に配慮してしまいチェックが厳しくなりがちです。

しかしマストドンの場合はインスタンス間の接続を切ればアクセスを遮断できるので、その表現自体が規制されるということはありません（投稿されたインスタンスのある国で合法であることが前提ですが）。表現自体の規制ではなくゾーニングで解決しよう、という昨今の表現規制のあるべき姿が実現されていて、とても健全だと感じました。

システム的には無駄なリソースを割くことになりますが、表現の自由に比べれば瑣末で、解決可能な問題だと思います。

——まだマストドンにはトゥートを固定する機能がなかったり、制限が多いと思いますが、今後どのような機能を期待されますか？

イラストレーターとしては、やはりリトゥートを固定する機能や、画像トゥートだけをまとめて表示する機能は欲しいです。あと通知を削除できるのは良いのですが、自分宛てのリプライの通知まで消えてしまうので、通知を選んで削除できるようになると良いですね。

ただ、まだ始まったばかりなので、しばらく運用してみて、ユーザーがどう使うのかを見て方向性を定めるのも良いと思います。

個人でインスタンスを立ち上げる楽しみ：「ネタフル」コグレマサトさん

ブログ「ネタフル」のコグレマサト（@kogure@mstdn.jp）さんは、呑み仲間とゆるく旅する「オジ旅」というプロジェクトに参加しています。LCCや高速バスを使い交通費をおさえ、現地で思う存分の飲食をし、それを「オジ旅」としてブログに綴っています。

オジ旅の魅力は、メンバーたちといっしょに旅に行ってるような距離感の近い旅レポー

トです。

　マストドンの人気が広がり始めると、コグレさんはオジ旅の仲間、そしてオジ旅に興味のある人たちのコミュニケーションの場所として、いち早くインスタンスを立ち上げました。

　個人でインスタンスを運営するモチベーションと、大規模インスタンスとは違ったその魅力についてうかがいました。

——すでにオジ旅のメンバーは全員Twitterにいて、お互いがつながっていたと思うのですが、あえてマストドンでインスタンスをはじめようと思った理由はなんですか？

何が面白いのかはよく分かりませんでしたが、マストドンを触っていて気づいたのは、パソコン通信の草の根BBSのような感覚です。ある程度クローズドで、仲間内だけでコミュニケーションを取りつつ、リモートフォローという、ゆるやかに外と繋がりをもてる仕組みは、オジ旅にとっても何か面白いことが起こるのでは、と考えました。

結果として、現時点の参加者は50人くらいですが、ローカルタイムラインだけでゆるゆると酒飲み話をしているような環境になっていると思います。狙った以上の面白さがありました。

——マストドンだから可能になったやりとりや、空気感のようなものはありますか？

もともとFacebookのコメント欄でも同じようなやり取りはしていたのですが、それに気づくメンバーもいれば気づかないメンバーもいます。また、オジ旅に興味を持ってくれる人はどんな人なのだろうという思いもありましたし、メンバー以外の人とも気軽に情報共有できるのは、ゆるい繋がりを大事にするオジ旅にとっては良かったと思います。

——インスタンスにはふだんのオジ旅のメンバー以外も加わっているようですが、加入を絞ったり、どこまで公開するといったことについて、考えはお持ちですか？

これはいつも言ってるオジ旅のモットーなのですが、#オジ旅 というハッシュタグをつけたら、それはもうオジ旅なのです。だから、どんどん自分なりのオジ旅を発信して頂いたら良いと思っています。それをまた、マストドンのインスタンスで共有できれば最高ですね！

インスタンス運営は「自分の場所」をもつこと

——スポーツチームのファンや、歌手のファンクラブなどでも立ち上げてみたいという人はいると思いますが、インスタンスの運営は負担ではないですか？

どこまでやるかだと思いますが、少人数で仲間内の一回り大きいくらいの規模であれば、それほど大きな負担はないかと思います。でも、思いもよらないことが起こるのはインターネットの常だと思いますので、あくまでも現状はほとんど負担はないけれど、もしかすると何か起こる可能性も否定はできない、といった感じでしょうか。

そのあたりに対処できるように、入会時にルールを明示しておくのが大事だと思います。基本はボランティアの運営ですので、問題が起こった時はばっさりとアカウント削除したり、インスタンスを停止するくらいでもいいのかな、とも思います。

──マストドンの魅力について教えてください！

まだ個人でインスタンスを立ち上げるのはハードルが高いですが、いずれ ASP も登場するでしょう。そうなったときに、技術畑ではないごくごく一般の人が、「自分たちの場所」を持てるというのは非常に面白いことが起こると思っています。

トゥートはブログの1本分くらいの記事量ですし、パーマリンクもあるので、いずれそういうものをまとめるツールのようなものも登場するはずです。

また、インスタンスがあまりに細分化されてきたら、マネタイズのようなところからは離れて、純粋に趣味の集まりのような、インターネットの原点に回帰するような流れも起こるのではないかと楽しみにしています。

　絵師の吉田さんと、ブロガーのコグレさん。この両者に共通しているのは、「自分の場所をもつ」という感覚でした。

　自分たちのローカルなルールで行っていた表現活動が海外の基準にてらされて規制されてしまうしがらみからの開放感を感じている絵師たち。

　あるいは、ウェブ初期の掲示板のような空間をつくって気心の知れた仲間たちと交流する小規模インスタンスの温かさ。

　マストドンのもっている、いままでと見た目はにているのだけれども、まったく異なるソーシャルネットワークの可能性が垣間見えるインタビューでした。

マストドン革命

クラウド封建主義の崩壊とP2Pによる民主化の実現。そして未来（清水 亮）

クラウド時代のユーザーは、まるで封建制時代の小作農だ

　マストドンがなぜこれほどまでに注目を集めているのか。色々な考えかたはあると思うが、クラウド化への反動的な現象と見ることも出来る。

　クラウドとはなんだったのか。一言で言えば、牢獄である。

　どんなクラウドに入るにもユーザー ID とパスワードが必要だ。

　そして、そこに格納されたデータは、基本的にユーザーが作成した、または収集したデータである。

　にも関わらず、それにアクセスし、取り出すためには、毎月一定のクラウド利用料金を支払わなくてはならない。

　ユーザーがユーザー自身で作ったデータにアクセスするために、お金を払い続けなければならないのだ。しかも、ユーザー自身が望んでそれを行うのである。

　さて、たとえば Apple の iCloud の利用料金は 1TB あたり月額 1300 円だ。年間 15600 円。秋葉原で 1TB のハードディスクを購入した場合、6000 円程度で入手することができる。我々はわざわざ自分で作成したデータを二倍の値段を払って、さらに回線費を負担し、カリフォルニア州の会社に預ける。そしてデータを取り出す際にも同様の手順と費用負担を覚悟しなければならない。

　ただし、Apple がとりわけあくどいというわけでもない。常時稼働するクラウドを維持するのはそれなりに大変だし、膨大なハードウェアを運営していれば、毎分どれかのサーバーが故障し、常にそれを修理交換するスタッフを抱えなければならない。

　クラウド運営に関する苦労は各社似たようなものだが、Amazon の売り上げの 1 ／ 10 程度の売り上げしかない Amazon Web Services（AWS）が、Amazon 全体の利益の半分以上を稼ぐ驚異的な利益率（30％超）を達成していることからみても、クラウドは「美味しい」ビジネスであることは明らかだ。

　クラウドの問題は単にボッタクリのビジネスであるということに留まらない。

　クラウドをビジネスにしているのは、なにも Amazon や Microsoft Azure のようなインフラ企業だけではない。

FacebookやGoogle、Twitterのように、自社のサイトに顧客を誘導し、ユーザーを囲い込むビジネスのすべてがクラウド的だと言える。

　彼らはユーザー自身が作成したデータを人質にし、第三者に販売することで利益を得ている。さらに、個人情報や誹謗中傷など、表に出てほしくない情報が流出しても、知らぬ存ぜぬを決め込む傲慢な独裁者たちでもある。

　たとえばTwitterは、筆者の経験上、苦情を出してもまずまともに処理されない。僕の知人が個人情報を晒され、クレームをつけ、さらには大人げないとは思ったが、個人的なつてを伝って米国Twitter社の知人に直接苦情を申し入れても聞き入れられず、知人の個人情報や誹謗中傷はそのまま今も放置されている。

　日本国内なら訴訟ものだが、遠く海外の会社と訴訟を起こすほど面倒くさいものはない。日本のサービス事業者はプロバイダー責任制限法があるため、かなりこまめにそういうセンシティブな問題に対応してくれるが、相手が米国にある巨大企業となると、傲慢にならざるをえない。

　同様のことがGoogleのAdSenseにも言える。GoogleがAdSenseを停止する理由は常に一方的で恣意的なものであり、どんな苦情も聞き入れてもらえない。理由も明確にならない。いわゆる「Google八分」問題などと言われるものである。

　iOS向けのApp Storeで売られるアプリは、ある日突然Appleの方針が変わると売ることができなくなる。誰がいつ、どのような目的で方針を変更するのか、そのプロセスは全く明らかにされない。

　売り上げをApp Storeに頼っていた知人の会社が、Appleの方針変更により突然BANされてしまい、その後一年間は取引停止になった。深刻だったのは、その会社のみならず、その会社のアプリを使っていたユーザーまで巻き込まれてしまったことだ。ユーザーは二度とそのアプリのアップデートを無償で入手することができず、会社は莫大な損害を被った。

　こういう話をみていると、まるで封建制時代の小作農を思い出す。領主の気まぐれでいとも簡単に餓死してしまう、か弱き農夫なのだ。

　この状況をおかしいとは感じないだろうか。

　クラウドが運んできた未来は、結局のところ、専制君主制のディストピアを作っただけだ。

予算規模に対して管理すべき領民が多すぎる巨大帝国

　東京の人口は1300万人。対して、Apple帝国の"臣民"つまりユーザーは6億人と言われる。

　Appleの売上高は20兆円。対する東京都の予算が13兆円だ。

　仮にAppleを国家または行政府と考えた場合、人口に対して歳入が少なすぎるのであ

る。

　もちろん我々が払っている"税金"も東京都に払っているものとAppleに払っているものを単純に比較すれば、数百倍の差がある。

　このしわ寄せは結局のところ、か弱き臣民に跳ね返ってくる。

　筆者もMacBook Airを愛用し、iPhoneとiPadを持ち歩く熱心なApple帝国民の一人ではある。

　しかし、不満がないわけではない。しかしその不満をぶつける自由はどこにもない。ティム・クックの気まぐれでいつどうなるかわからない帝国に所属している。

　筆者は、かつてApple帝国の熱心な臣民としてApp Storeでのビジネスを主軸にしようとしたこともある。それはある程度まで上手く行ったが、あるところで限界が見えた。Appleは帝国内で働く臣民を決して幸福にしようとはしていないと感じたからだ。今はApple関連のビジネスからは一切手を引いている。

　広告にしろ、音楽配信にしろ、電子書籍にしろ、アプリにしろ、Appleはなんでも自分で管理したがった。うまくいったものもあるが、たいていは失敗した。健全な経済圏を作ることをせず、開発者やクリエイターをないがしろにし、まるで奴隷のように扱った。Appleは搾取する側であり、される側ではなかった。30%という多すぎる手数料も健全なビジネスを阻害する主な原因となった。そして独自の課金体系を提供しようとする業者を締め出した。

　結局、それが原因でiBooksはKindleには勝てなかったし、広告はGoogleに勝てなかった。これはもとを正せば当たり前で、そもそも競争のない完全な独裁国家できちんとした産業が育たないのは歴史を見れば明らかだ。

　世界は多様である。まずこれを念頭に置かなければならない。法律も習慣も言語も宗教も違う。ポルノの考えかたも違う。

　左から右に横書きする文化もあれば、右から左へ縦書きにする文化もある。

　偶像が禁止されている文化もあれば、されていない文化もある。

　多様な世界であるにも関わらず、アメリカ西海岸の人々は、まるで自分が世界の王になったかのように振る舞う。それしか世界にルールはなく、地球の裏側に全く別の文化と習慣を持った人間がいることを想像することさえしない。

　たとえばApple帝国にはポルノがない。なぜないか。Apple帝国のブランドイメージを守るためだ。にも拘わらずあらゆるコンテンツを支配しようとするのがApple帝国である。やりたいこととやっていることに根本的な矛盾があるのだ。

　マストドンが、多様な民族と人種の入り乱れるヨーロッパの、とりわけど真ん中に位置するドイツで創られたというのはある意味で象徴的といえる。そういえばこの世の春を謳歌していた傲慢なローマ帝国を滅ぼしたのもゲルマン人だった。

　マストドンの最大の価値は「民主化」にある。

　完全なP2Pではないが、サーバー（マストドンではインスタンスと呼ぶ）を超えたコ

ミュニケーションが可能で、これがTwitterやFacebookのような中央集権的な独裁のない世界を作り出している。

　マストドンは世界の多様さをそのまま反映している。

　日本のポルノが許容されるインスタンスもあれば、拒絶するインスタンスもある。

　特定のコミュニティに属するインスタンスもあれば、特定の地域に属するインスタンスもある。

　クラウドを専制君主制とすれば、マストドンを始めとするP2Pネットワークは自由主義の共和制と言える。それぞれのインスタンスがそれぞれ独自のルールを作り、独自の運用基準を持ちながら緩やかに連合する。

　マストドンは自由主義であり、多様な価値観をそれぞれが持っていていいし、それが許される。

　それこそがマストドンの持つ根源的な価値であり、さまざまな人から注目を集めている理由なのだ。

所属するインスタンスが個人のアイデンティティを決める

　マストドンが実現するのは多様性を持った全地球規模のネットワークである。

　マストドンには誰でも参加することができ、また、誰でも参加しないことができる。参加をやめたり、再度参加したりすることも自由にできる。

　そしてどのインスタンスに所属するかということが、その人のスタンスを決定づけるだろう。

　メールアドレスと同じように、全てのドメインがインスタンス化される可能性すらある。

　企業はWebページやTwitter公式アカウントやFacebookアカウントと同じように、自社ドメインでマストドンを立て、ファンに対してリモートフォローを促すようになるだろう。そうすれば自社の情報は自社内だけで完全に管理できるからだ。

　筆者も早速自社のマストドンインスタンスを立ち上げた。会社としてはhttps://mstdn.uei.co.jp/@infoを立ち上げ、コミュニティとしてはhttps://mstdn.onosendai.jpを立ち上げた。

　会社の公式マストドンは基本的にユーザーがinfo一人のみで、他のインスタンスのユーザーにリモートフォローをしてもらうことで情報を発信していく。これは完全に自社で独立した価値基準でコントロールすることができる、いわばRSSフィードを配信しているのに等しい。RSSとの違いは、誰がそれを受信したか追跡できることだ。これは今まではほとんど不可能だった。もしくは、それを知るためにはTwitter社にお金を払ってデータを買う必要があった。

　マストドンが本当に民主化を達成するならば、こういう形で企業やグループがどんど

ん自分のインスタンスを立ち上げていくようになるだろう。

マストドンが実現する全地球規模の民主的ネットワークの未来

マストドンの向こう側に見えるのは、もっと自由な、新しいインターネットの世界である。もちろんマストドンという実装のみに囚われるのではなく、もっと新しい実装が月々と登場するだろう。

マストドンの実装そのものはそれほど優れていない。けれども、これまで幾度も失敗してきたネットワークの民主化を実現する上で、アーリーアダプターのキャズムを超えるところまでマストドンは急激にやってきた。

マストドンを改良していく方向性はいくつかある。

たとえば、高度な負荷分散は改良のひとつの方向性だが、既存技術の単純な延長上にあり、筆者はそちらにはあまり興味がない。

まず第一にやるべきは、ダイレクトメッセージのエンドツーエンドでの暗号化である。

インスタンス間の通信には公開鍵暗号が利用されているが、今の実装ではインスタンスの所有者にやりとりを盗聴されてしまう可能性がある。エンドツーエンドでの暗号化が実現すれば、メールはもはや不要になる。今でもFacebookメッセージでビジネス上のやりとりをすることが多くなったが、それがもっと便利になる可能性がある。Facebookには制約が多いし、必ずしもビジネスに使いやすいわけではない。

次にやるべきは、大容量ファイルの送信。これはZerodbやSyncthing、IPFSのような非中央集権（decentralized）思想を採用したP2Pストレージシステムと組み合わせることになるだろう。理想的には、こうしたP2Pストレージシステムがそれぞれのマストドンインスタンスに組み込まれるのが望ましい。

ストレージがP2Pネットワーク化されれば、現存するWebサーバーのデータそのものもより広範囲に分散していくことになる。

また、ビジネス目的でSlackと似たような使い方をするために、リモートフォローはできるけど、反対に外からはローカルタイムラインが覗けないようなプライベートマストドンも登場するだろう。そういうものを作るのはとても簡単だ。APIの一部を削除すればいい。

ユーザーインターフェースのカスタマイズも重要な課題である。現成のマストドンの実装は、ユーザーインターフェースをいじりにくい。これをよりよい形にしていくことが重要で、おそらくマストドン本体のカスタマイズも進むが、独立したマストドンクライアントが複数開発されることが望ましい。ユーザーは自分に一番合ったクライアントを使いたがるはずだ。

さらに、AIとの組み合わせが大きな効果を発揮することが期待できる。そもそもTwitter

のツイートはTwitter社にお金を払わないと手に入れることができないし、そもそもユーザー属性もバラバラだ。

　ところがマストドンの場合、全てのインスタンスのデータはいまのところ無料で手に入れることができる。

　また、インスタンスごとに性格が異なるため、ある程度のクラスタリングがされていると仮定できる。

　マストドンとAIの組み合わせはワクワクする。実際、筆者が開発したマストドン用のBot（http://mstdn.uei.co.jp/@info）は、コーネル大学の図書館に投稿されたAIに関する新規論文を自動翻訳してトゥートする。これだけでも相当便利だし、たとえばブーストされた論文に関しては論文内容を深掘りして要約した文章をリプライするBotとか、いろいろな応用が考えられる。そもそもどういう属性（インスタンス）の人がどういう論文に興味を持ったか、という情報でさえ貴重だ。

　SlackBotでも本来は似たようなことができるはずだが、Slackはすごく閉じているのでマストドンのような広がりはない。

　AIの機能もP2Pネットワークに分散されるべきだ。AIは学習に大量の特殊な計算資源を要求し、閉じたクラウドで学習するのは極めて非効率的だからだ。こうした分散を実現するミドルウェアはまだ存在しないが、出現するのは時間の問題だろう。

　さらに、通貨だ。マストドンアカウントにビットコインアドレスを割り当てれば、マストドンのネットワークに参加している人々が自由にビットコインをやりとりできるようになる。ネットワークへの貢献度に応じて、ビットコインのような暗号通貨を受け取ることが出来るようにすれば、インスタンスの運営維持にもインセンティブが与えられることになる。

　その時出現するのは、これまでとは違う、全く新しいインターネットだ。

　P2Pネットワークが主役になる時代が、ついにやってきた。

私がマストドンを見誤った理由

（江添 亮）

オレが間違っていたぞ、清水亮。

> 『なんで「オレが間違っていた」と最初に書けないのか。つまんねープライドもってんなー』
> ──清水亮
> https://mstdn.onosendai.jp/users/shi3z/updates/1002

ブログでマストドンについての批判を書いた。結論を先に書くと、技術上のもの以外、私の懸念はすべてあたらなかった。

本の虫: そろそろマストドンについて語っておくか
https://cpplover.blogspot.jp/2017/04/blog-post_15.html
本の虫: マストドンが直面している問題はすでに P2P 技術が 15 年前に遭遇した問題だ
https://cpplover.blogspot.jp/2017/04/p2p15.html

そうこうしていると、ドワンゴがマストドンのインスタンスを立ち上げた。
https://friends.nico/
これはなかなか興味深い。というのも、私はドワンゴに雇用されているので、ドワンゴが悪意を持っているかどうかについては内部の情報から判断しやすい。マストドンはインスタンスの管理者が悪意を持っているかどうかが極めて重要だ。内部の情報をもって判断した結果、今は信用できそうだ。

そこで、ものは試しとアカウントを作ってみた。
EzoeRyou　https://friends.nico/@EzoeRyou
そして、感動した。これだ。久しく忘れていたインターネットがここにある。何ということだ。

そこにあったのは、黎明期の怪しげな雰囲気を持つインターネットだった。今から 20 年ほど前の 2ch や IRC の雰囲気だ。インターネットよ、私は帰ってきた。

ともすればインターネット老人会とも揶揄される環境がそこにあった。我々はぬるぽにガッされ、ゴノレゴが吉野家のにわか客に文句を言い、ペリーに開国を迫りミキコに

ピアノを教えるあの空気が再現されていた。

そうだ。当時もこうして、夜遅くまで寝不足になりながらインターネットを閲覧したものだ。そうこうしているうちに、誰かのセンシティブなコンテンツのフラグが立てられた画像が投下される。みてみるとうまそうな飯テロ画像であった。「これはけしからん、無修正じゃないか」と文句を言うと、こんどはモザイクをかけた飯テロ画像が投下される。分かっている。分かっているじゃないか。

開始当初のマストドンのドワンゴのインスタンスには優れた点が二つある。まずエロが投下されないことと、誰も煽り合わないことだ。放っておいても人はエロを探すし、勝手に煽りあう。そういうものだ。

インターネットからきらめきと魔術的な美がついに奪い取られてしまった。2chや、IRCや、アングラサイトがユーザー達と共に中二病を誇り合い、徹夜でチャットにあけくれ、不毛なネット議論を繰り広げる。そんなことはもう、なくなった。

これからのインターネットユーザーは、安全で静かで、物憂いスマフォを握って、画面を受動的にタップ操作のみする。一方何千というコンテンツ達が、アルゴリズム一つで機械の力によってフィルターされ、検閲される。これから先のインターネットは、安全と引き換えにその娯楽性を完全に殺すだろう。

やがてそれぞれのプラットフォームには、大規模で、限界のない、一度発動されたら制御不可能となるような検閲のためのシステムを生み出すことになる。

人類ははじめて自分たちが手に入れた自由な情報流通手段を、みすみす自ら手放すことになる。これこそが人類の栄光と苦労のすべてが最後に到達した運命である。

結局、Twitterなどの大手のSNSはあまりにも有名になりすぎ、あまりにも大衆化しすぎたために、つまらなくなってしまったのだろう。大衆受けを目指すと、きらめきと魔術的な美が失われてしまうのだ。

この歴史は連続している。パソ通が、あめぞうが、2chが、ニコニコ動画が、開始当初はこの黎明期特有の怪しいきらめきを有していたが、大衆化に伴って消失してしまったのだ。これはどうしようもないことだ。大衆化の過程で、より多くの、より幅広い人間に受け入れやすくなり、その結果利益を出すことができ、その利益をプラットフォームの維持と拡張に使うことができる。大衆化をしない場合、利益が出ずにプラットフォームが継続できないとしたら、結局大衆化するしかない。

もちろん、これはマストドンのドワンゴのインスタンスとて例外ではない。いずれはユーザーが集まりすぎて大衆化して万人受けにはなるが陳腐化するか、ユーザーが集まらず過疎化してひっそりと消失するかのどちらかになるだろう。どちらにしても、現在のこの魔術的な美は速やかに失われるだろう。

せめて今は、この雰囲気を楽しむとしよう。

さて、ポエムを書くのはここまでにして、技術的な話をしよう。

マストドンと元になったGNU Socialは、OStatusというプロトコルを使っている。こ

のプロトコルの詳細な内容を筆者は知らない。

というのも、OStatus プロトコルの網羅的なドキュメントが存在しないからだ。5年前は存在していたのかもしれないが、散逸してしまっている。本来ドキュメントをホストしていたはずの URL のドメインの所有者が変わって全く関係ない内容になったりしている。

それでも散らばっているドキュメントを読んでキーワードを拾っていくと、ユーザーの発見に WebFinger、購読に PubSubHubbub、メッセージのやり取りに Salmon を使っていることなどがわかった。どうやら OStatus プロトコルは単一の規格ではなくて、細分化されたプロトコルの寄せ集めでできているのかもしれない。

筆者の理解する限りでは、OStatus プロトコルはスケーラビリティの問題を抱えている。おそらく現在の設計では、規模が拡大したときに、負荷がとても増えていくはずだ。そのため、Twitter を代替するほどの規模で成立できるかどうか疑問だ。

また、ユーザーの認証がサーバーに結びついているのも問題だ。ユーザーの発見と認証のプロトコルである WebFinger を調べたところ、どうやらユーザーには絶対に変わらない永続 URL が必要なようだ。これではサーバーレスな実装は困難だ。

したがって、規模の小さい今はこのまま OStatus プロトコルを使うのはいいとしても、早急に別のより優れたスケールするプロトコルを設計すべきだろう。

ただし、この技術的にスケールしないという点は、実は問題にならないかもしれない。というのも、1インスタンスに数万人もユーザーが殺到するような状況を作り出さなければいいのだ。したらばや Reddit のように、ユーザーが自分の管理するインスタンスを好きなだけ立ち上げるようなサービスにして、1インスタンスあたりのユーザーを抑える文化を作り出せば、スケールは問題ではなくなる。たかだか1万に満たない程度のユーザーを処理するならば、どんなに富豪的な設計でも耐えられる。ユーザーがジャンルごとにインスタンスを作り、自治を行う。楽しい世界だ。

例えば支持政党ごとにインスタンスがあり、自民党支持者は自民党インスタンスに、民進党支持者は民進党インスタンスに登録する。そしてインスタンス間の戦争が起き、連結が遮断される。「我々自民党インスタンスは民進党インスタンスとの連結を解除した。これは民進党が我々の党議に賛同しないからである」などといった具合だ。

さて、最後に自由の話をしよう。

マストドン、GNU Social にとって、自由は極めて重要だ。なぜならばその開発目的が、SNS プラットフォームの独占の打倒にあるからだ。

マストドンと GNU Social では、サーバー実装が自由なライセンスである AGPL で公開されているので、誰でも必要なインフラさえあれば、マストドンでは「インスタンス」と呼んでいるサーバーを建てることができる。あるインスタンスの管理が気に食わないのであれば、別のインスタンスを使えばよい。気に入るインスタンスがないのであれば、自分で立ち上げればよい。これにより Twitter や Facebook のような一企業に独占され、

一企業の一存で好きなように検閲される問題を解決できる。

　ただし、現実は難しい。マストドンのインスタンスを立ち上げて管理するのは、知識も費用も手間もかかる。大抵のユーザーは自前のインスタンスを立ち上げるのではなく、有名なインスタンスを利用する。大勢のユーザーの負荷に耐えられるインフラを運営するには、企業でしか支えられないほどの資金と労働者が必要だ。すると特定のインスタンスが独占的な地位を得て、ユーザーを囲い込み、外部との連結を無効化するという邪悪に走るだろう。なぜならば、十分なユーザーを得たプラットフォームは、そのプラットフォーム単独で自己完結するので、わざわざ外と交流する必要はないからだ。ユーザーを囲い込めば囲い込むほど、ユーザーがプラットフォームから離れるのは難しくなる。そう考えていた。

　たしかにその懸念はあるのだが、現実は違った。そのような鎖国を嫌う文化が生まれていれば、利用者の機嫌を損ねないように、そのような邪悪を行わないインセンティブが生まれる。

　ああ、先見性というのは難しいものだ。すっかり見誤った。

　結果として、マストドンは流行るだろう。もうTwitterに独占される必要はないのだ。

（本稿は、江添亮氏のブログ「本の虫」に掲載されたものです。）

mstdn.jpをたちあげてみて

個人で大規模インスタンスを作ったらドワンゴに入社することになった（ぬるかる）

どうも、nullkalです。いやー大変なことになりましたね、マストドン。まさかここまで大事になるとは思ってもいませんでした。折角なので、僕がマストドンを知った経緯からドワンゴへ入社するに至ったところまで、赤裸々に語っていこうと思います。

第1章 先カンブリア時代—マストドンを知ってから自鯖にインスタンスを設置するまで

僕がマストドンを知ったきっかけは、「けものフレンズ」関連でフォローしたとある人がTwitterで4月11日にシェアしていたASCII.jpの記事『Twitterのライバル？ 実は、新しい「マストドン」（Mastodon）とは！』(http://ascii.jp/elem/000/001/465/1465842/)です。この記事を読んだとき、確か僕はまだ大学の構内に居たと思います。

僕のマストドンに対する最初の印象は「GNUソーシャルIとどこが違うの？今までぽこぽこと現れては消えてきた改良版Twitterみたいなものと同じ運命を辿りそうだな。」といったものでした。それでも僕がマストドンを設置するに至ったのは、『新図説 動物の起源と進化—書きかえられた系統樹』という本のゾウに関する章で「マストドン」という名詞を見かけていたこともあって、少し気になってGitHubのリポジトリ覗いてみた結果です。この本を読もうと思った理由もけものフレンズの影響だったので、二つの理由から「けものフレンズ」に導かれたということになりますね(笑)。

家に帰った後、僕は早速マストドンを実家にあるUbuntu 16.04 LTSがインストールされたサーバー上に設置してみることにしました。少し前、Dockerについて気になって調べていたときにサーバーのセットアップをほぼ済ませていたので、本当にすんなり設置することができました。強いて言えばLet's Encryptを使ったことがなかったのでそれだけが気がかりでしたが、公式のドキュメントをサラッと読めばそんなに難しいことはなかったです。最近は色々と別のことをやっていて、折角自宅サーバーを持っているのにあまりWebアプリを運用できていなかったし、このままだとただ電気代とインターネット代を喰うだけの存在なので勿体ないなぁという気持ちもありました。

第2章 古生代──mastodon.nil.nu時代から最初のデータベース消失まで

マストドンの設置が終わり、折角なので僕はTwitterに告知のツイートをしました。

このときにはまだ、知っているフォロワーさんが来てくれると嬉しいな程度の軽い気持ちでいました。とはいえ当時は日本人が運営しているインスタンスはほとんどなかったので、一部の物好きな人たちが少しずつ流入してきました。

最初僕はmastodon.nil.nuというドメインでインスタンスを立ち上げていたのですが、流入してきた人たちのトゥートを読むとどうやらこのドメインの評判はあまりよくないようでした。nil.nuというドメインは僕が中学生ぐらいの頃から持っているドメインで、よくこのサブドメインで様々なWebサービスを作ったり設置したりしていたので思い入れのあるドメインでしたが、ドメインに日本人が運営しているインスタンスだと分かるような要素が皆無だったのがまずかったようです。

僕がインスタンスのドメインについて思い悩んでいた時、mastodon.nil.nuのローカルタイムラインで「mstdn.jpが空いているぞ！」というようなトゥートを目にしました。インスタンス内のユーザー数も増えてきたし、折角だからもっと日本人向けのインスタンスだと分かりやすい名前にしたかったので、mstdn.jpを取得しました。インスタンスを公開した後にドメインを変更することはマストドンのリモートフォローなどの仕組み上不整合を起こしそうでしたが、どうしても取得したドメインを使いたかったので、思いきって無理矢理変更してしまいました。

こうして、この世にmstdn.jpが生まれたのです。ドメインを無理矢理変更したために発生した不整合を除いて、古生代のmstdn.jpは正常に動作していた……　はずでした。

ドメインをmstdn.jpに変更してまず発生した問題は、Mailgunの送信メール数制限です。Mailgunには怪しいアカウントを自動判定してメール送信を制限するシステムが動いているようです。それに引っかかったアカウントはメールの送信が1時間あたり100通に制限されるのですが、僕のアカウントはそれに引っかかってしまったのです。

mastodon.nil.nuだったときは登録してくる人も少なく大きな問題にはなっていなかったのですが、日本人向けのインスタンスだと分かりやすいドメインになったからか、一番

酷いときには制限が解除されてもわずか10分足らずでまた制限に引っかかる状態に……。まともに新規登録が受け付けられないような状況になってしまっていました。

　流石にこれはまずいなと思ったので、僕はMailgunのサポートに制限を解除して欲しい旨の問い合わせを送信しました。

　このようにして生まれたmstdn.jpですが、一度不幸な事故に見舞われることになりました。マストドンのインスタンス一覧 (https://instances.mastodon.xyz/list) の存在を知った僕は、その中での自分のインスタンスのスコアを上げるべく、IPv6対応を行おうとサーバーの設定を変更していました。それに伴って、僕は4月12日の21時27分に物理マシンの再起動を行ったのですが、不注意でdocker-compose.ymlのボリュームによるデータの永続化に関する箇所のコメントアウトを外していませんでした。

　あとはお察しの通り、再起動で永続化されていなかったDBのデータが飛び、最初からやり直しになったのでした。異変に気づき、docker-compose.ymlを見たらvolumeに関する設定項目がコメントアウトされている事を見つけた時は冷や汗がでました。

　ここで僕は「他の人が書いたdocker-compose.ymlを用いるときは、中身の確認を欠かしてはいけない」という教訓を得ることができたのでした。

第3章 中生代—リスタートからさくらのクラウドへの移行

　こうして一度データベースの完全消失というとても悲しい事件が起きてしまったmstdn.jpですが、もう既にある程度人が集まってしまっていたので、とりあえずまっさらな状態でもいいから復旧させることにしました。

　ちょうどこのあたりで「Mailgunの1時間100通制限を解除した」というようなメールが届いたので、それも再スタートへの後押しになりました。

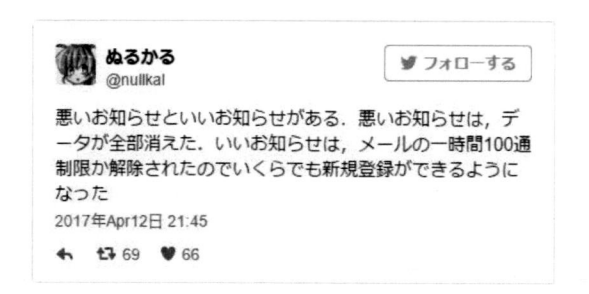

　Mailgunの制限が取り払われ、いくらでもメールを送信することができるようになったので、新規ユーザーの登録ペースも格段に増えました。サーバーが悲鳴を上げ始めたのもこのあたりだったような気がします。

まず最初に遭遇した問題は、謎の「500エラー」でした。調査の結果、どうやらworker_rlimit_nofileの数値をデフォルトのままにしていたため、ファイルディスクリプタが枯渇してしまっていたので原因のようです。最近はあまり大きなWebサービスを公開していなかったので、/etc/sysctl.confの設定も全然チューニングできていなかったので、ついでなのでそちらも修正しました。　このあたりから、「サーバーが重い！寄付の窓口はどこだ」というような声が聞こえてくるようになりました。当時のmstdn.jpは既存の自宅サーバーで運用され、簡単に設備増強ができる環境ではなかったので、寄付を募ることにはあまり積極的ではありませんでした。とはいえその声を全く無視する訳にもいかず、Entyは登録が面倒臭そうだったので、とりあえずメールアドレスを晒してAmazonギフト券の形で送って貰えるようにしてみました。ところが今度はAmazonギフト券が大量に届いてしまい、どれが既に番号を入力したギフト券で、どのメールがまだ入力していないのか分かりづらくなってしまいました。そこでEntyのアカウントを作り、寄付を募ることにしました。

次に遭遇した問題は、sidekiqのキューが詰まる問題です。幸いにもDockerを使用している限りワーカーはdocker-compose scale sidekiq=4、といった形で簡単に増やせるのですが、サーバーが一台しかない状況ではそのような対処法には限界がありました。

このような状況に拍車をかけたのが、4月13日の18時に投稿されたITmediaの記事でした。どうやらこの記事にmstdn.jpが載っていたらしく、さらに人が流入してきました。

すぐにスケールアウトすることの難しい自宅サーバーでは、負荷に対して行うことのできる対策に限界がありました。それでも少しでも通信の負荷を減らそうと、CloudFlareの導入を決めました。今回、CloudFlareのプランは月2000円のProプランを選びました。マストドンのストリーミングAPIはWebSocketで実装されているため、CloudFlareのWebSocketプロキシ機能を使う必要があります。あまり安いプランで沢山の同時接続を行う上位プランへの変更を薦められるらしい(https://support.cloudflare.com/hc/en-us/articles/200169466-Can-I-use-Cloudflare-with-WebSockets-)ですし、折角の寄付金ですから思いきって有償プランを申し込みました……が、それでも負荷はさほど変わりませんでした。むしろnginxの設定が中途半端だったせいで「429 Throttled」のエラーが頻発する状況になってしまいました。そこに助け船を出してくださったのが「さくらインターネット」さんでした。他にもMicrosoft Azureの方からもお話は来ていましたが、僕は中学生ぐらいの頃にさくらのレンタルサーバーにCGIゲームを設置していた時があったので、さくらさんの力をお借りすることにしました。

さくらさんのお陰でお金のことを気にすることなくインフラを構築することができるようになりました。あまりもたもた構築していてもリソースの無駄ですし、自宅サーバーで運用していたmstdn.jpもユーザー数が3万人を超えるレベルでそろそろ限界を突破しそうな雰囲気でしたので、さっさと移ってしまうことにしました。

しかし、自宅サーバーに設置していたインスタンスをさくらのクラウド上へ移すには一

つ問題がありました。自宅サーバー上にマストドンを設置していた際はあまりスケール
アウトすることを想定していなかったので画像などのメディアのアップロードにMinio
などのS3互換ストレージの類を用いていませんでした。これではアプリケーションサー
バーを増やして負荷分散をすることが難しいので、クラウドへ移行するにあたってメ
ディアのアップロード先を変更する必要があったのですが、その際にメディアのURLが
変わってしまうため、移行前の画像が表示できなくなってしまいます。

　Twitterのように中央集権的なSNSならばURLを出力するロジックに変更を施したり、
最悪機械的にデータの変換を行ったりすればいいだけですが、マストドンは分散型のSNS
なので、既に他のインスタンスにも古いURLが伝播されており（一応それぞれのインス
タンスでもキャッシュが取られてはいますが）、それを変更することは困難を極めます。
不完全なデータをそのまま残しておく訳にもいかないと思ったので、さくらのクラウド
へ移行すると同時に、またリセットして最初からやり直すことにしました。

第4章 新生代—さくらのクラウドへ移って

　こうしてmstdn.jpは二回の大量絶滅を経験した訳ですが、その教訓はさくらのクラウ
ドへ移行した現在のmstdn.jpに活かされています。自宅サーバーと違い、クラウド上
ではいつでも自由にインスタンスを増減できます。この特性を生かせるよう、自宅サー
バー上で構築していた時のように1つのサーバーで全てを動かすのではなく、データベー
スはデータベース専用のサーバーで動かし、sidekiqはsidekiq専用のサーバーで動かす、
といったようにサーバー毎に役割を分けました。

　また、ストリーミングAPIをCloudFlare経由にすると前述の通り最大同時接続数の制
限を受けます。そこでmstdn.jpをCloudFlare経由にしてもストリーミングAPIだけは
CloudFlareを回避して通信できるよう、ストリーミングAPIのフロントエンドを分けま
した。現在のところmstdn.jp自体はCloudFlareを経由させていませんが、画像などの
メディアファイルを配信するサーバーだけにはCloudFlareを噛ませています。

第5章 おわりに

　さて、ここまでmstdn.jpの技術的な苦悩をつらつらと書き綴ってきましたが、実は巨
大なマストドンのインスタンスを運用していく上で大変なのは、インフラなどの技術的な
側面ばかりではありません。インスタンスへの参加人数が多くなっていけば多くなって
いくほどコミュニティの管理運営などにかかるコストは多くなっていきます。mstdn.jp
は現状一個人が扱うことのできる範疇を超えてしまったので、ドワンゴさんとはここら
へんを一緒に考えていくことになりました。今後のmstdn.jpにご期待ください。

マストドンが照らす21世紀型インターネットのありかた

（神田敏晶）

ベーコン数が可視化させたスモールワールド理論

　SNS（ソーシャルネットワーキングサービス）は2002年、Friendster.com が誕生した時産声を上げたといっても過言ではないだろう。

　1967年、イェール大学のスタンレー・ミルグラム教授の「狭い世界、スモールワールド」現象として発表した理論では、たった6人の人の隔たり（6Degrees）で人々は知人につながるという実験が郵便物によって行われた。それから32年後の1999年、米俳優のケビン・ベーコンと共演した人とその人と共演した俳優の隔たりを検索できるデータベース「https://oracleofbacon.org/」が発表され、ハリウッドは平均してベーコンを中心にしてほぼ4人の隔たりで網羅できることが映画タイトルで証明された。これが作られたのは、1990年に作られた imdb.com の映画データベースの API 公開があったからだ。

　データベースを自由に利用できる仕組みを作ることによって、広くユニークなデータベースの利用方法を世界の誰かが考えてくれたのだ。まさにこれは「インターネット的」だった。1998年に imdb を amazon が買収。ハリウッドにおける「ベーコン数」は、32年前のミルグラム教授の「狭い世界」現象を再びリサージェンスさせ、友達の友達にリンクを貼ったらどうなるのか？という SNS の土壌を作った。そして Friendster.com が登場することによって、ミルグラムの実験は「友達の友達の友達」でさえ同時に可視化できる世界を実現した。

　自分の知人の知人がつながるサービスの初のヒットは、世界中で SNS のクローン開発競争となった。2003年には Google の社員が開設した Orkut が登場、2004年には Gree が、mixi が、Facebook がサービスを開始する。まるで「101匹目の猿」の進化のように、全世界で SNS の開発がリアルタイムにはじまった。「6ディグリー理論」のスモールワールドは、ネットを介することによって、可視化することができた。

　そして、「フォロー」という概念を引っさげて、知人とは全く異なる「興味・関心」でのつながりを、140文字という SMS に似た文字制限で「タイムライン」というストリームによって表現する Twitter の登場によって、SNS ブームは加速する。2006年にサービスを開始した Twitter は、2007年のサウス・バイ・サウスウエストで受賞したことにより先進

ユーザーを獲得したが、日本でブームを巻き起こすのはその2年後の2009年、「tweet」が「つぶやき」と翻訳されてからだった。筆者の『Twitter革命』(ソフトバンク新書)も発売は2009年11月だった。

「マストドン」ブームは2007年の「セカンドライフ」バブルと酷似している

Twitterのブレイク前、まず私たちは3D仮想空間の「セカンドライフ」ブームのバブルを思い出しておいたほうがよさそうだ。2007年5月2日、セカンドライフの世界全体のアカウント数は600万人。日本のmixiのID数は930万人だった。セカンドライフ内の中国系女性が土地の売買で億万長者になったニュースは世界をかけめぐり、海外の有名企業がセカンドライフに続々と参入したことは日本企業を震撼させた。セカンドライフの土地を早く買っておく、同業社よりも先に顧客を獲得するなど、2007年に「セカンドライフバブル」が勃興した。すぐに3Dコミュニティーや3D制作会社によるカンファレンスやイベントが毎週のようにおこなわれ、新聞、雑誌、テレビのメディアがニュースとして扱う。その要因は、ちょうど日本では「Web2.0」ブームの真っ只中であり、『「セカンドライフ」、これぞ本命』的な扱いを受けたことだ。また、企業にとって見ればほんの数百万円で参入でき、話題になることができたことも大きい。

そして2017年5月。現在のマストドンは一部の先進ユーザーの間での話題はあるものの、マスメディア的にエポックメイキングな事象は未だごく少ない。テレビで報道されるには絵的にも地味で、仕組みを説明するのが難解すぎるのである。

しかし、誰かにスポットライトが当たり(すでに本書でも執筆しているぬるかる氏は主人公の一人だ)、ヒーローやヒロインが生まれ、社会にインパクトが与えることによってメディアへの拡散は一気に登場することだろう。それには、2009年のTwitterのヒットを見ればわかりやすい。

Twitterのディケイド

日本におけるTwitterのアーリーアダプターの大半は、2007年の4月に生まれた。Twitterはその年の3月に開催されたSXSW(サウス・バイ・サウスウエスト)のウェブアワードを受賞し、実際にその機能がそのイベントでリアルタイムに体感できた。イベント中に行われた好みのバンドによるライブコンサートの状況を、それを見ている誰かをフォローすることによって瞬時に知ることができるツールとして活用されたのだ。

しかし、本当のTwitterのヒットは2009年と2年近くの歳月を必要とした。その要因は3つあると筆者は分析している。

まず最初の要因は前出の「セカンドライフ」バブルの陰に隠れていたことだが、2番目であり最大の普及要因は、スマートフォンが台頭する時期だ。初代iPhoneのアメリカ本国での発売は2007年6月29日だが、日本発売は翌年のiPhone3G（2008年7月11日）からだ。さらに2009年6月にはiPhone3GSが販売され、同時にiOSが3.0となり「コピー&ペースト」がはじめてできるようになった。2009年にはUSエアウェイズ1549便のハドソン川不時着水事故のTweet（2009年1月15日）が速報として世界をかけめぐった。

3つ目の要因は、スマートフォンにおけるtwitterのクライアントアプリが多数登場するという年でもあったことだ。同時にこの年には、Twitterクローンが幾多も登場しては消えていった。この時Twitterクローンとして、マストドンがたとえ登場していても話題に上ることはなかっただろう。それは当時のTwitter社が、「#ハッシュタグ」の採用や「RT」などのユーザーリクエストを適時反映していくというベンチャーらしさに満ちていたからだ。

しかし、日本人はいつも4年程度で同じサービスに対して「飽き」がはじまる。それはレイトマジョリティーの参入とアーリーアダプターの離散による歴史のくりかえしだ。

Facebookの日本上陸

日本におけるFacebook（2006年一般サービス開始）は、映画「ソーシャルネットワーク（2010年9月24日米国公開）」の日本での上映（2011年1月15日）公開と前後して、徐々に浸透していった。

つまり、日本ではネットのアーリーアダプター層のファーストウェーブがあり、何らかのお墨付きが得られ、トピックのある話題や社会的影響度の強い出来事があってマジョリティが動き出し、それをメディアが拡散するという動きを取るのだ。

そして、2017年。Twitterの身売り話がいまだに成立せず、話題といえば、自動運転やAIやドローンと、まだまだ萌芽しそうにない遠い未来への期待ばかり。Facebookに代わるSNSも存在しない、そんなところにマストドンは24歳の個人が作った分散型サービスとして飛び込んできた。マストドンの話題は、あの2007年のキラキラ輝いていたTwitterの青春時代を垣間見た気にさせてくれたのだ。

同時に日本での情報は一斉に、平均して拡散し、知れ渡る。日本人は「乗り遅れないように」大量に増殖するのだ。最初は英語だけだったタイムラインは2バイトの文字が圧倒的に侵略している。

マストドン現象の課題と今後

日本でのITトレンドの流れは、ファーストウェーブとセカンドウェーブが存在する。

ビジネスになるのはセカンドウェーブからだ。しかし、もしビジネスにしたいのなら
ファーストウェーブ段階で準備をしておかなければならない。

　そして、「マストドン」の場合、この本でもインスタンス立ち上げの詳細が掲載されて
いるが、自ら立ち上げるためにはある程度？いやいや、相当なエンジニアリングに対す
る知識が必要だろう。残念ながら、筆者は途中でサーバー構築を断念せざるをえなかっ
た。誰もが立ち上げられるインスタンスではなく、誰もが立ち上げられる"可能性があ
る"というのが正解だ。

　しかし、過去のインターネット技術へのトライ＆エラーと同じく、エンジニアによる
チャレンジが「マストドンの次の世界」を切り開いていくことは明確だ。たとえば、初
期のインターネットエンジニアたちは、TCP-IP を理解し、メールサーバーを立ち上げ、
DNS や WWW サーバーを動かしてきた。

　NTT のテレホーダイ（1995 年開始、23 時から翌朝 8 時まで）限定の WWW サーバーな
ど ISDN 電話回線利用の個人サーバー時代や、駅前での Yahoo!BB の ADSL モデム無料配
布などで、個人がチャレンジできる時代は今までもあった。自前でサーバーを持てる知
識がなかった筆者は 1995 年、NEC の Meshnet（現 BIGLOBE）というプロバイダーと契
約し、当時は、3.5 インチのフロッピーディスク（もう今では生産されていない）にイン
ターネットマガジン（これも休刊した）の付録で学んだばかりの HTML で書いた HTML
ドキュメントを保存。それを封書の郵便で送り、ウィルスチェックなどをした上で自分
の契約しているサーバー上で更新してもらっていた。そこから PHS 電話の登場によって
ノートパソコンでモバイルによる更新が可能となった。

　それから 10 年。マストドンのチャレンジは、個人が自宅やクラウド上にサーバー（イ
ンスタンス）を持ち、再びあの頃の可能性を見せてくれることだろう。新たなプロトコ
ルを生む可能性も秘めている。Linux が登場し Apache が登場し、MovableType が登場
してきたように、「オープンソース」という共有の知識で個人が組織と台頭になれると
いう夢をまた見せてくれそうだからだ。AI や IoT 時代における Napster や BitTorrent の
ような P2P 的な技術も再燃するかもしれない。マストドンのファーストウェーブはまだ
限られたコミュニティーだが、強固な"草の根 BBS"の世界を 21 世紀のインターネット
に復活させた。コミュニティーの住み分けも、所属するインスタンスによってロイヤリ
ティや忠誠心で色分けされるだろう。このロイヤリティを企業がどう取り入れるのかも
見ものだ。そこでは間違ってもセカンドライフの時のような一過性の考え方で飛びつく
のではなく、自社製品やサービスの住人として真摯に向き合える人だけを厳選して招待
するなど、コミュニティーの設計が重要になることだろう。

　何十万人のフォロワーを持つインフルエンサーや、ステマまがいの広告に冒されたネッ
ト社会ではなく、関心領域が近く互いに切磋琢磨できるような古き良きコミュニティー
の形成。あらゆる個人がフラットにつながる理想のインターネットの可能性を、マスト
ドンは現在進行系で見せてくれているのだから。

OStatus：受け継いだ連合SNSの思想

（岡本雄太）

マストドンとOStatus

　マストドンのAPIはいくつかの種類かあります。一つはクライアント向けのAPI、もう一つは設定系。そして、最後の一つがOStatusに関するものです。

　OStatusは、マストドンの最大の特徴である「連合ソーシャルネットワーク（fediverse）」の機能を実現するものです。以前の章でも説明されている通り、マストドンのインスタンスに登録したユーザーは他のインスタンスのユーザーを「リモートフォロー」したり、他のインスタンスでの発言を「連合タイムライン」でリアルタイムに見ることができます。これは、マストドンのインスタンス同士がOStatusというプロトコル（約束事）に従って情報を交換しているからです。

　通常、マストドンのユーザーやアプリケーション開発者は、インスタンスの裏側で使われているOStatusについて知る必要はありません。では、なぜOStatusが重要なのか。一つは、OStatusこそがマストドンの「非中央集権的なソーシャルネットワーク」という思想を実現する鍵だから。もう一つは、OStatus仕様を実装すればマストドンと連合できる「互換サーバー」を独自に開発できるからです。

　元を正せばそもそも、マストドン自身が互換実装であり、GNUソーシャル等の既存実装の改良を目指して開発された経緯があります。OStatusの歴史は2008年頃にまで遡ることができますが、一方でマストドンの登場は2016年と比較的最近です。つまり、マストドンと互換性を保ちつつ、あなたのユースケースに合わせた新たなOStatus実装をスクラッチ開発することも可能だということです。

　では、OStatusとは具体的にどのようなものか、それがマストドンでどのように利用されているかを詳しく見ていきましょう。

OStatusの構成

　さて、ここまであたかも「OStatus」という一枚岩の仕様があるかのような書き方をしてきましたが、これは少し実態とは異なります。OStatusは、開発当時、既に世にあった多数の仕様を互いに組み合わせたものです。また、実装上の細かい点についてはあま

り書かれておらず、仕様書についても2010年にドラフト版が出て以降はメンテナンスされていないため、世に出回っている実装とはズレがあります。今日においては、あくまで実装のガイドラインとして読むべきでしょう。

OStatusにコンパイルされている仕様は、大きく三つに分けることができます。

プロトコル

一つ目は、インスタンスが互いに発言やフォローなどの情報をやり取りする際の通信プロトコルを定める仕様です。いずれも、HTTP/HTTPS上で実現されているという点で共通しています。

PubSubHubbub（PuSH）

PubSubHubbubは、出版側（publisher）のサーバーから購読側（subscriber）のサーバーに対してフィードの更新やイベントをリアルタイムに通知するためのプロトコルです。購読側からフィードを定期的に取得するポーリング方式と異なり、フィードの更新が発生した時点で出版側から購読側へ更新を通知できるため、リアルタイム性が向上するとともに計算機資源のムダな消費を抑えることができるメリットがあります。

Salmon

Salmonは、同じブログ記事に対するコメントが複数箇所に散らばるのを防ぐためのプロトコルです。今日では、例えばFacebookで誰かがシェアしたFacebook外の記事に対してコメントをつけることが普通になっていますが、これでは大元の記事にはFacebookでつけたコメントが反映されません。Salmonは、文字通り「鮭が生まれた場所へと川を遡る」ようにコメントをオリジナルの記事へと反映させるために考案されたプロトコルです。

OStatusでは、ブログと同様に、あるインスタンスでの発言に他のインスタンスから返信するのに使われますが、後述するActivity Streamsと組み合わせることで、リモートフォローやメンションの通知といった、あらゆるユーザー行動をインスタンス間で共有する手段として拡張されています。

サービス記述

二つ目は、PubSubHubbubやSalmonなどを利用する側に対して、アクセスすべきエンドポイントの情報を提供するための仕様です。WebFingerがこれに相当します。

WebFinger（RFC7033）

　かつての finger コマンドのように、サービスごとのアカウントを指定する、メールアドレスに似た形式の識別子（e.g. acct:okapies@mstdn.jp）を用いたクエリを発行することで、そのアカウントに関連付いたリソースのエンドポイントの一覧を JRD（JSON リソース記述子）というドキュメントとして引き出すためのプロトコルです。OStatus では、ユーザーごとのプロフィールページや Atom フィード、Salmon エンドポイントの URL の提供のために使われます。

フォーマット

　三つ目は、インスタンス上でのユーザーの発言や行動（アクティビティー）、あるいはユーザープロファイルを表現するためのフォーマットを定める仕様です。OStatus では様々な情報を XML 形式の Atom フィードとして表現しますが、Atom 自身は汎用的な仕様なので、マイクロブログのユースケースに特化した語彙を拡張する必要があります。以下に挙げる三つの仕様を使います。

Portable Contacts（POCO）

　Portable Contacts はプロフィール情報を表現するためのもので、プロフィール欄の表示名や説明文、居場所などを記述する語彙を提供します。

Atom Activity Streams

　Activity Streams はソーシャルネットワーク上でのユーザー行動を機械可読（machine-readable）な形式で表現します。OStatus では、ユーザーによる発言やフォロー、お気に入りなどを表現する手段として使われます。

Atom Threading（RFC4685）

　Atom Threading は、発言への返信による会話スレッドを表現します。

　まとめると、OStatus ではこれらの仕様を束ねることで、リモートの更新をリアルタイムに受け取り、また自インスタンスのユーザー行動を他のインスタンスへ送信します。

OStatus はどこから来たのか

　歴史を遡れば、中央集権的な管理者を置かず、不特定多数の主体によって分権的に運

営される分散型オンラインコミュニティ、というアイデアは珍しいものではありません。古くは「ネットニュース」や「IRC」、近年ではP2P型の「Freenet」に始まり、日本でも「新月」やファイル共有ソフトウェアのネットワーク上に構築された「Winny掲示板」などの例があります。特にP2P型では、システムの大半が個人所有のコンピュータで構成され、ネットワーク全体を管理する存在がいないという特徴があります。

　一方、OStatus仕様の源流を探ると、Control Yourself社（当時）のEvan Prodromou氏が2008年に立ち上げたIdenti.caというサービスに行き着きます。これはいわゆるTwitterクローンですが、その実装はオープンソースとして公開され、また当初からOpenMicroBloggingという独自仕様を実装し、公開していました。つまり、Twitterの中央集権的な性質を引き継ぎつつも、対等なインスタンス同士がオープンな仕様に基づいて連携することを目指していたようです。

　そして、Identi.caが2009〜2010年にStatusNetへと改称したタイミングで、OpenMicroBloggingに相当する仕様がOStatusへと置き換えられました。OStatusは、上述のようにAtomによる記述と配信を基盤とした仕様ですが、これは当時Googleが主唱していた「OpenSocial」に含まれる仕様と、その多くが重なります。OpenSocialについては、日本でもmixiが賛同を表明したことで話題になったことを覚えている方もいるでしょう。

　Googleの戦略としては、各社のSNSが提供するアプリケーション向けAPIをOpenSocialに共通化することで、当時アプリ開発者の取り込みで先行していたFacebookに対抗する意図があったと言われています。これは推測ですが、StatusNetの開発者たちは「ソーシャルサービスのAPI共通化」の部分に着目して、当時活発に開発が進んでいたOpenSocialの仕様のうち、マイクロブログのユースケースに合うものを取り入れたのではないでしょうか。

　ですが、両者はその後、成功を掴まないまま終わりを迎えます。StatusNetはビジネス的な成功を収めることができず2012年に開発終了。また、OpenSocialも基本的には失敗に終わって2013年頃には活動を停止し、開発していた仕様は2015年に標準化団体W3CのSocial Web Working Groupへと引き渡されます。

　しかし、ここでオープンなソフトウェア開発の真価が発揮されます。StatusNetは、以前からプロジェクトに関わっていた自由ソフトウェア財団（FSF）のメンバーらの手によって引き継がれてGNUソーシャルとして存続し、その系譜が最終的に2016年に開発が始まったマストドンへと引き継がれることになります。また、W3Cに移管されたOpenSocialの仕様群も、W3C標準化へ向けた作業が行われています。例えば、PubSubHubbubは長らくドラフト版に留まっていましたが、2017年4月にはWebSubと名前を変えた上でW3Cの勧告候補となりました。

　また、OStatus仕様自体のメンテナンスは停滞していますが、実装側では新たな仕様の導入が検討されているようです。一例として、マストドンでは執筆時点も現在進行形でActivityPubという仕様の実装が進んでおり、これはWebSubと共にW3Cで勧告候補

として検討されているものです。

　長らく中断と停滞に晒されていた分権型マイクロブログの構想は、ここにマストドンという牽引役を得て、大きく飛躍する時を迎えているのかもしれません。

マストドンでの実装

　さて、以降では具体例として、OStatus がマストドンでどのように実装されているかを見ていきます。

WebFinger

　まず、マストドンの WebFinger API にクエリを投げて、ユーザーごとの OStatus エンドポイントを確認します。

　具体的には　/.well-known/webfinger?resource={uri}に GET リクエストを送ります。　{uri}に指定するアカウントは acct:okapies@mstdn.jp のように acct:[ユーザー名]@[ホスト名] という形式で指定します。すると、以下のような JRD ドキュメントが返却されます:

```
{
  "subject": "acct:okapies@mstdn.jp",
  "aliases": [ "https://mstdn.jp/@okapies" ],
  "links": [{
      "rel": "http://webfinger.net/rel/profile-page",
      "type": "text/html",
      "href": "https://mstdn.jp/@okapies"
    }, {
      "rel":
        "http://schemas.google.com/g/2010#updates-from",
      "type": "application/atom+xml",
      "href": "https://mstdn.jp/users/okapies.atom"
    }, {
      "rel": "salmon",
      "href": "https://mstdn.jp/api/salmon/35111"
    }, {
      "rel": "magic-public-key",
```

```
      "href": "data:application/magic-public-key,..."
    }, {
      "rel": "http://ostatus.org/schema/1.0/subscribe",
      "template": "https://mstdn.jp/authorize_follow?
acct={uri}"
    }]
}
```

　個々の　linkは、それぞれ以下のものを表しています:
- ・プロフィールページ
- ・ユーザーの Atom フィード
- ・Salmon エンドポイント
- ・Salmon で使う Magic Signature 用の公開鍵
- ・リモートフォローを承認する際のリダイレクト URL

では、それぞれのエンドポイントが何を表しているか見ていきましょう。

Atom フィード

　Webfinger のレスポンスで示されている、

```
https://[MASTODON_HOST]/users/ [USER_NAME].atom
```

を取得すると、ユーザーのステータスの更新情報を表す Atom フィードが返ってきます。これは仕様に準拠したフィードなので、例えば RSS リーダーで購読することも可能です。

　まず、取得したフィードの名前空間宣言を見ると、これが Atom フィードであり、Atom Threading、Activity Streams、Portable Contacts に加えて、OStatus および Mastodon 独自の語彙を追加していることが分かります。

```
<feed xmlns="http://www.w3.org/2005/Atom"
xmlns:thr="..." xmlns:activity="..." xmlns:poco="..."
xmlns:media="..." xmlns:ostatus="..."
xmlns:mastodon="...">
```

　続いて、　<feed>要素の中身を見ていきましょう。フィードはユーザーに関する情報を表す要素と、その後に投稿した発言を表す　<entry>要素が続く構造になっています。

```
<feed ...>
  <id>https://mstdn.jp/users/okapies.atom</id>
  <author>...</author>
```

```
  <link rel="hub" href="https://mstdn.jp/api/push"/>
  <link rel="salmon" href="https://mstdn.jp/api/
salmon/35111"/>
  <entry>...</entry>
  ...
</feed>
```

　この中では、上記で宣言した語彙が使われています。例えば、　<author>要素の中でユーザーの表示名は　<poco:displayName>要素に書かれているし、<entry>は　<activity:verb>などの Activity Streams の語彙を使って、それが　post なのか　share なのか、といったことを表現します。

PubSubHubbub

　ところで、上記の Atom フィードの中に、

```
<link rel="hub" ...>
```

という要素が含まれていました。これは、まさにマストドンにおける PubSubHubbub のエンドポイントを表しています。例えば、他のインスタンスにいるユーザーをリモートフォローしたい時は以下のような POST リクエストを送ります。

```
$ curl -X POST -Ss https://${MASTODON_HOST}/api/push \
  -d "hub.mode=subscribe" -d "hub.topic=https://
${MASTODON_HOST}/users/${USER_NAME}.atom" \
  -d "hub.callback=${CALLBACK_URL}" \
  -d "hub.lease_seconds=${LEASE_SECONDS}" \
  -d "hub.secret=${SECRET}"
```

　また、マストドンは　push と対になる、

```
https://${MASTODON_HOST}/api/subscriptions/{id}
```

というエンドポイントを提供しており、上記の購読リクエストの　hub.callback で指定されます。出版側のインスタンスは、指定のユーザーのステータスに更新がある度に、その内容を Atom フィードとして購読側のエンドポイントに通知します。
　通知には　HTTP_X_HUB_SIGNATURE という署名ヘッダが付加されます。署名は、購読時に指定された　hub.secret をキーとしてボディをハッシュ化したものなので、通知が確かに出版側インスタンスから送られたことを確認することができます。

Salmon

同様に、 `<link rel="salmon" ...>`はマストドンのSalmonエンドポイントです。マストドンは、インスタンスをまたいだ返信やフォロー、お気に入りなどのアクティビティーをActivity Streamsの語彙で表現して、リモートインスタンスのSalmonエンドポイントに送信します。例えば、発言のシェアを表す通知には以下のような `<activity:verb>`要素が含まれます。

```
<activity:verb>
  http://activitystrea.ms/schema/1.0/share
</activity:verb>
```

Salmonプロトコルでは、通知をMagic Signatureという簡易的な方式で電子署名した上で通知先のエンドポイントに送信します。通知を受信したインスタンスは、送信元のインスタンスのWebFinger APIに問い合わせて送信ユーザーの公開鍵を取得し、これを使って署名を検証します。これによって、インスタンスが悪意のある第三者によって偽の通知を掴まされることを防いでいます。

まとめ

OStatusや、その根幹にある「連合ソーシャルネットワーク（fediverse）」の思想はこの10年間、プロジェクトの中断などによって危機に晒されてきましたが、形を変えながらマストドンという大きな成果にたどり着きました。これは、まさに仕様や実装を共有しながらコミュニティーでプロジェクトを進めるオープンソース開発の強みが発揮されたと言えるでしょう。

一方で、我々はOStatusやマストドンを最終的な到達点とみなすのではなく、さらに未来へと続く改良の道筋の一里塚と捉えるべきだろうと思います。例えば、OStatusには現在の技術環境を踏まえるとあまり適切でないと思われる仕様も含まれますが、マストドン開発コミュニティーは、すでに新たな仕様の追加実装も含めて柔軟に考えているように思われます。

この動きについていくには、アラン・ケイの有名な「未来を予測する最善の方法は、それを発明することだ」という言葉の通り、マストドンという既製のプロダクトをどう活用するかではなく、自分の欲しいものは自分で作ってしまう、という発想も必要でしょう。本稿が、その一助になれば幸いです。

マストドンAPIの叩き方

(高橋征義・日本Rubyの会)

はじめに

マストドンの技術的な興味の対象には、以下の4つが挙げられます。
①インスタンスの運用
②マストドン本体の開発・改造
③フェデレーションの活用
④マストドンAPIの活用
マストドンブーム最初の1週間で話題になったのは①の「インスタンスの運用」でした。やはりオープンソースで誰でもぽこぽこサーバーを立てられるソフトウェアというのは素晴らしいものです。

一方、様々な活用が試みられた後では、②〜④のような応用的な側面にも注目が集まってくるのではないでしょうか。

前章では③のOStatusの解説が中心でした。本章では④のマストドンAPIについて解説します。

なぜそんなにもマストドンAPIは重要なのか

最初に本章で説明するマストドンAPIと、前章のフェデレーションの違いについて触れておきます。

フェデレーションもマストドンAPIも通信の仕様の一つですが、図1に示した通り、前者はサーバー（インスタンス）間通信、後者はサーバー・クライアント間通信になります。ここでのクライアントとしては、マストドンのスマートフォンアプリを想定すると分かりやすいかと思います。

マストドンはGNUソーシャル互換のソフトウェアで、GNUソーシャルとサーバー同士では通信することができます。しかし、マストドンAPIはGNUソーシャルのAPIと互換性がありません。つまり、GNUソーシャルのアプリを使ってマストドンを利用することができないのです。

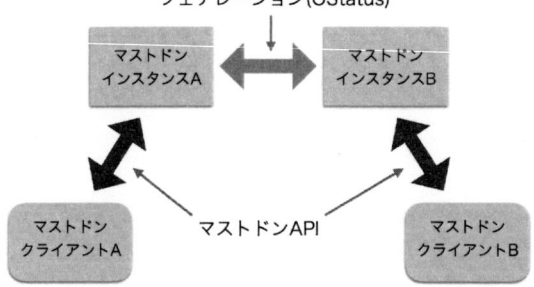

図1: フェデレーションとマストドンAPIの関係

この仕様は開発当初からの意図通りのようです。GNUソーシャルのAPIはTwitterの旧API互換なのですが、2016年2月、マストドン開発のごく初期の段階で書かれたドキュメントでその理念としてまず挙げられていたのは「レガシーなTwitter APIからの独立」と「強力で簡潔なRESTとOAuth2の採用」でした（https://github.com/tootsuite/mastodon/blob/3b0bc18db928c455186273d9b9aa5b96d91e035e/README.md）。

仕様面だけではなく、理念・戦略面でもTwitter社のAPI戦略については批判が多かったのも記憶に新しいところです。初期のTwitterはAPIエコシステムを先導する立て役者でしたが、次第にサードパーティーを締め出すようになり、技術者の不信感を高めてしまいました。マストドン作者のオイゲン氏もTwitter社に対しては批判的な姿勢を隠しておらず、マストドンブーム直前のインタビューでも「Twitter社から求人のオファーがあったらどうするか」という質問に対し「他の会社なら考えたいがTwitter社だけはない」と笑って答えています (http://www.extratone.com/tech/mastodon/)。

マストドンは当初から単なるTwitterクローンを目指したものではありません。マストドンは「ありえたかもしれない、よりよいTwitter」を目指したものであり、マストドンAPIからもその思想が垣間見られるのです。

マストドンAPIの概要

前節で触れた通り、マストドンAPIの概要は「普通のRESTful API」＋「OAuth 2.0での認証」の2点に尽きます。RESTful APIについては、特にRuby on Railsのそれを知っている人には詳しく説明する必要もないくらい素直というか素朴なものです。

念のため断っておくと、素朴であることは極めて重要なことです。マストドンの開発言語でもあるRubyの開発者まつもとゆきひろさんも、スケールするオープンソース開発に大事なこととして「他人がかかわる余地を残す」「隙がある」ことを挙げています（「まつもとゆきひろ×増井雄一郎のオープンソース談義」http://type.jp/et/log/article/matzxmasuidrive/2)。

マストドンの隙だらけの素朴さは、見る人が見れば自分でも直せそうな改良点がすぐに見つかるでしょう。にも拘らず、すでに利用者が急増していることが、マストドンの将来性を示しているのです。

各APIについては、GitHubにあるマストドンのドキュメント用レポジトリ内にある「Using the API」ディレクトリで解説されています（https://github.com/tootsuite/documentation/tree/master/Using-the-API）。

GNUソーシャルとマストドンのAPI比較

先ほど触れた通り、マストドンのAPIはGNUソーシャルのものとは異なっています。これについてはマストドンのFAQでも紹介されています（https://github.com/tootsuite/documentation/blob/master/Using-Mastodon/FAQ.md#i-tried-logging-into-a-gnu-social-client-app-with-mastodon-and-it-didnt-work-why）

> Q: マストドンにGNUソーシャルのクライアントアプリケーションでログインしようとしましたが、うまくいきませんでした。なぜでしょうか？
>
> A: マストドンは白紙の状態から開発されているため、エミュレーション層を用意するよりも、極力内部構造を反映させたAPIにする方がよりシンプルになります。次に、GNUソーシャルのクライアントAPIは、実際のところ古いTwitter APIの中途半端な実装です——以前のTwitterクライアントアプリケーションが使えるのはこのためです。しかし、それらのアプリケーションの多くはもう保守されていないのに加え、GNUソーシャルAPIは実際のTwitter APIに追いついておらず、全機能を完全には実装していません。加えて、Twitter APIはフェデレーションサービスには対応していないため、機能の一部が隠されてしまうのです。

APIを使ってみる

それでは実際にAPIを使ってみましょう。マストドンのAPIライブラリはサードパーティーのものも含めて多数ありますが、本章では公式のRuby用ライブラリ、mastodon-api gemを使います（https://github.com/tootsuite/mastodon-api）。なおこのライブラリも現在鋭意開発中で、リリース版よりもGitHubの開発版を使うべきです。ソースをgit clone して rake install するか、Gemfile に以下のように記述してから bundle install を実行します。

```
gem "mastodon-api", :git =>
    "https://github.com/tootsuite/mastodon-api.git"
```

アクセストークンを取得する

　masotodon-apiでマストドンにアクセスするにはMastodon::REST::Clientクラスを使います。初期化は以下のように行います。

```
client = Mastodon::REST::Client.new(base_url: '【インスタ
ンスURL】', bearer_token: '【アクセストークン】')
```

　このアクセストークンの取得には適宜OAuth2.0の認可フローを実装することになりますが、実験用として簡易にアクセストークンを取得できるサイトを用意してみました（https://takahashim.github.io/mastodon-access-token/）。ここで取得したアクセストークンと取得元のインスタンスのホスト名を合わせて、以下のようにconfig.ymlに保存しておきます。

```
host: mstdn.jp
access_token: XXXXXXXXXXXXXXXXXXXXXXXXXXXXXXXXXX
```

APIからトゥートする

　「こんにちは」とトゥートするサンプルはリスト1になります。

リスト1: toot.rb

```
#!/usr/bin/env ruby
require 'mastodon'
require 'yaml'

config = YAML.load_file("config.yml")
client = Mastodon::REST::Client.new(
    base_url: "https://"+config["host"],
    bearer_token: config["access_token"])
message = "こんにちは"
response = client.create_status(message)
```

　マストドンAPIのコードでは、トゥートのクラスはMastodon::Statusになります。そのため、トゥートはcreate_statusメソッドで生成します。
　create_statusメソッドには他にも引数があります。例えばプライバシーを「非公開」

にして返信する場合、以下のようにします。

```
response = client.create_status(message,
    【返信先のstatusのid】, nil, "private")
```

　3番目の引数は、画像つきのトゥートをするためのもので、画像ファイルIDの配列を指定します。画像ファイルはupload_mediaメソッドを使って、create_statusする前に生成しておきます。例えば "path/image.png" にある画像をトゥートするなら、以下のようになります。

```
filename = "path/image.png"
media = client.upload_media(filename)
response = client.create_status(message, nil,
    [media.id])
```

APIでタイムラインを読む

　タイムラインはpublic_timelineメソッドやhome_timelineメソッドで取得できますが、他にStreaming APIを使う方法もあります。

　前者の方は分かりやすいので簡単に紹介しておきます。公開タイムラインを取得するのは以下のようになります。

```
timeline =
    client.public_timeline(since_id: since_id)
timeline.each do |status|
    username = status.account.username
    content = status.content
    puts "#{username}: #{content}"
end
```

　public_timeメソッドの戻り値はMastodon::Collectionクラスのオブジェクトになります。これはEnumerableなコンテナクラスで、Statusオブジェクトが格納されています。since_idでどのStatus以降のトゥートを取得するかを指定しています。

　トゥートの本体はStatusオブジェクトのcontentになりますが、これはHTMLになっており、改行が
タグになったり、URLが<a>タグになっていた形で出力されます。

　一方、Streaming APIを使うと、先ほどの例は以下のようになります。

```
stream = Mastodon::Streaming::Client.new(
    base_url: "https://"+config["host"],
```

```
    bearer_token: config["access_token"])
begin
  stream.firehose do |toot|
    next if !toot.kind_of?(Mastodon::Status)
    username =  toot.account.username
    content =  toot.content
    puts "#{username}: #{content}"
  end
rescue EOFError => e
  puts "\nretry..."
  retry
end
```

　Streaming APIでは Mastodon::REST::Client の代わりに Mastodon::Streaming::Client を使います。

　設定ファイルの値を使うのは REST の例と同様ですが、hostに関して、mstdn.jp インスタンスは Streaming API 用に streaming.mstdn.jp という別サーバーを使っている点は要注意です。

　公開タイムラインを取得するメソッドは firehose です。Streaming では Status 以外にも Notification や DeletedStatus が届くこともあるので、クラスを見て Status を絞り込んでいます。あとは REST の例と同様になります。

　また、Streaming API はネットワークが切れると EOFError が届くため、再接続するよう rescue 節で retry を行っています。

他言語用マストドン API ライブラリ

　本章で紹介した Ruby 以外のライブラリについては表1にまとめてみました。Swift や C#は複数のライブラリが林立しています。また、マストドンクライアントのうち、ソースが GitHub で公開されているものは表2になります。言語を問わずクライアントを作る上での参考になるかと思います。

おわりに

　Twitter では API の制限や仕様に不満を持った方も、AGPL で公開されているマストドンなら心配ありません。たとえ本家に問題があっても、改良を提案することもできます

し、いざとなればフォークするという最終手段が残っています。全てはAPIを使う側の想像力と体力次第です。

　何か面白い使い方を思いついたら、ぜひ作ってみたり、改良してみたりしましょう。そして足りないAPIに気づいたら、マストドンのリポジトリ(https://github.com/tootsuite/mastodon)にフィードバックしてみましょう。マストドンならあなたも開発に参加できるのです。

　マストドンのエコシステムにようこそ。2010年代のソーシャルネットワークサービス開発の最前線、それがマストドンです。

表1: 言語別マストドンAPIライブラリ

名前	言語	URL
MastodonClient	Swift	https://github.com/Swiftodon/Mastodon.swift
MammutAPI	同上	https://github.com/esttorhe/MammutAPI
MastodonKit	同上	https://github.com/ornithocoder/MastodonKit
Mastodot	C#	https://github.com/yamachu/Mastodot
Masto.NET	同上	https://github.com/glacasa/Mastonet
Mastodon API client library for C#	同上	https://github.com/pawotter/mastodon-api-cs
Mastodon API	Node	https://github.com/vanita5/mastodon-api
go-mastodon	Go	https://github.com/mattn/go-mastodon
Mastodon::Client	Perl	https://metacpan.org/pod/Mastodon::Client
Mastodon.py	Python	https://github.com/halcy/Mastodon.py
Hunter	Elixir	https://github.com/milmazz/hunter
Mammut	Rust	https://github.com/Aaronepower/mammut
MastodonOAuthPHP	PHP	https://github.com/TheCodingCompany/MastodonOAuthPHP
Mastodon	R	https://github.com/ThomasChln/mastodon
mastodon4j	Java,Kotlin	https://github.com/sys1yagi/mastodon4j
scaladon	Scala	https://github.com/schwitzerm/scaladon

表2: ソースが公開されているクライアントアプリ

名前	動作環境	言語	URL
mastodon.el	Emacs	Emacs Lisp	https://github.com/jdenen/mastodon.el
Tusky	Android	Java	https://github.com/Vavassor/Tusky
tooty	web	Elm	https://github.com/n1k0/tooty
Mstdn	Desktop	TypeScript	https://github.com/rhysd/Mstdn
mstdn	CLI	Go	https://github.com/mattn/go-mastodon/tree/master/cmd/mstdn
tootstream	CLI	Python	https://github.com/magicalraccoon/tootstream
toot	CLI	JavaScript	https://github.com/glynnbird/toot
Tootbot	iOS	Swift	https://github.com/tootbot/tootbot

GCPでお一人様インスタンスを作る！

（中原義行・クラウドエース）

　この章では、Googleが提供するクラウドサービスであるGCP(Google Cloud Platform)上で "マストドンお一人様インスタンス" を作る方法を紹介します。

事前準備

　まず、作業の前に以下の4つを準備します。
- ・Googleアカウント
- ・クレジットカード
- ・ドメイン名
- ・SSHキー（GCEインスタンスログイン用）

Googleアカウント登録

　Google Cloud Platformを利用するためには、Googleアカウントが必要です。すでにお持ちの方はそのままご利用可能です。まだGmailやGoogle Apps等のGoogleアカウントをお持ちでない方は、まずはhttps://accounts.google.com/signupからGoogleアカウントを作成しましょう。任意のメールアドレスで作成可能です。

　GoogleアカウントはGmail、YouTube、今回紹介するGoogle Developers Console等、Googleのあらゆるサービスに同じユーザ名とパスワードを使ってログインできます。

　Googleアカウントの作成についての不明な点については、Googleアカウント ヘルプセンタ（https://goo.gl/4pZq5G）を参照してください。

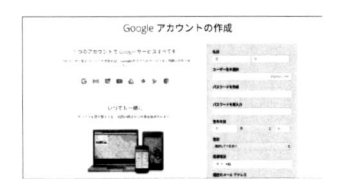

GCPの登録

それではさっそくGCPへの登録をします。

初めての利用の場合は、365日間で300ドル無料体験ができます。まずは登録して無料で色々試してみると良いでしょう。ぜひ使ってみてください。

事前に準備するのは以下の2つです。

- ・Googleアカウント
- ・使用可能なクレジットカード

※クレジットカード情報は課金設定と本人確認に使用されます。無料使用の際も、料金は発生しませんが、クレジットカードの登録は必要となります。）

Google Cloud Platform（ https://cloud.google.com/ ）にアクセスします。右上の「無料体験版」のボタンをクリックしましょう（左）。「無料体験版」を選択すると右の画面が出てきます。ここで次の各項目を入力します。 ○国と通貨○口座の種類（ビジネス／個人）○名前と住所○お支払い方法（クレジットカード／デビットカード）○使用言語　最後に利用規約に同意すると無料試用が開始されます。

登録が完了すると次の画面が表示されます。これで、プロジェクトが作成されたことになり、登録は完了です。「コンソールのガイドを見る」、もしくは「OK」を選択するとすぐに利用できます。

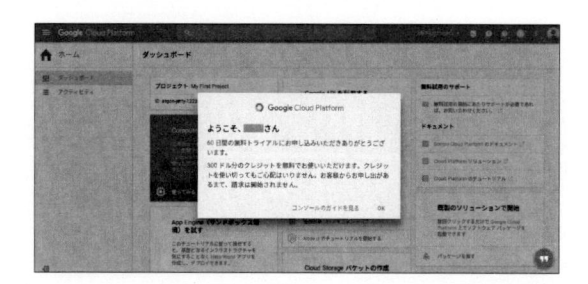

ドメインを取得する

ドメイン取得は「お名前.com(http://www.onamae.com/)」などのサービス利用して取得することができます。お好きなドメインを取得してください。

SSHキー (GCEインスタンスログイン用) を作成する

※SSHキーを持っている方は読み飛ばしていただいて構いません。

【Windowsの場合】

こ こ (http://www.chiark.greenend.org.uk/~sgtatham/putty/latest.html) か ら 「putty-gen.exe」をダウンロードして実行します。

Windows64bit版の方は64-bitを選択してください (左)。「Generate」ボタンで生成を開始します (右)。

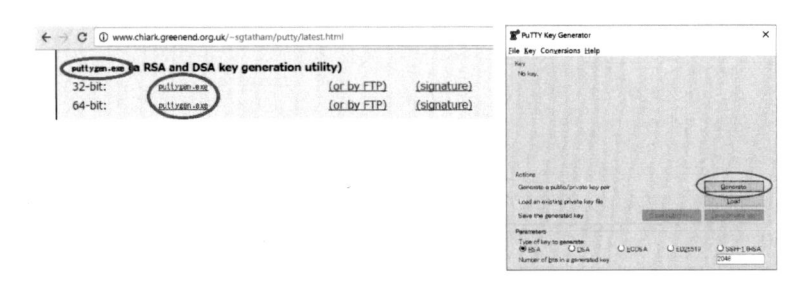

赤枠内でマウスをぐりぐり動かして、緑色のプログレスバーが右に到達するまで続けます (左)。「Save public key」で公開鍵を保存、「Save private key」で秘密鍵を保存します (右)。

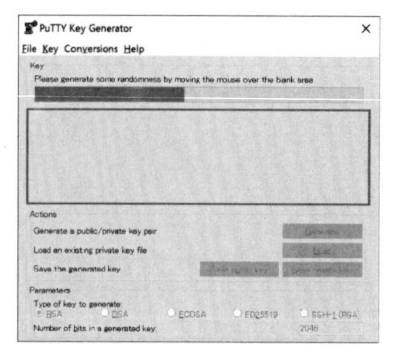 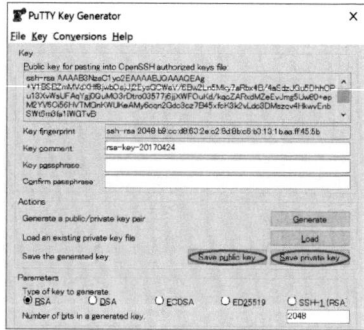

【Windows以外をお使いの方】

ターミナルからSSHキーを作成するコマンドを実行します。

```
ssh-keygen
```

Enterキーを何回か押してデフォルトのままでよいです。id_rsaが秘密鍵、id_rsa.pubが公開鍵です。

公開鍵はあとで使いますのでメモしておきましょう。

GCEインスタンスを生成する

それでは実際にインスタンスを作っていきましょう！

まず、Google Cloud Platform(https://cloud.google.com/) にアクセスします。

コンソールをクリックします。このあと「ようこそ画面」が出てきますので利用規約に同意して利用開始します（左）。「1．Compute Engine」→「2．VMインスタンス」ページで「3．作成」をします（右）。

次にGCEインスタンスの設定を行います。

インスタンス名を「mastodon」(任意の名前で構いません)に設定します。ゾーンはここでは東京リージョンである「asia-northeast1-a」にしています。マシンタイプは「g-small」を選択。マストドンでは1以上が必要ですので、g1-small以上のスペックを選択してください。次にブートディスクを「CentOS7」にします。ファイアウォールを「HTTPトラフィックを許可する」「HTTPSトラフィックを許可する」の両方にチェックをいれ、最後に「作成」します。

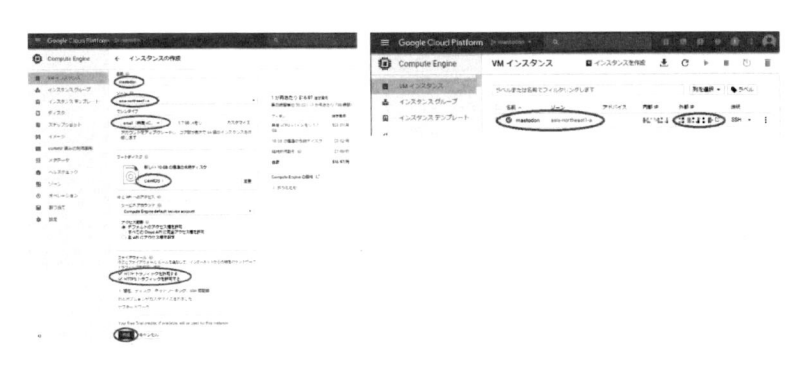

これでGCEインスタンスが作成されました。

外部IPアドレスはこの後の作業で必要ですので、必ずメモしておきます。

次に、このGCEインスタンスにSSHログインするための「SSH公開鍵」を登録します。

「1．Compute Engine」→「2．メタデータ」→「3．SSH認証鍵」→「4．SSH認証鍵を追加」の順に設定します（左）。SSH公開鍵を追加して

「保存」します（右）。

**「VMインスタンス」に戻り、SSHボタンを押して接続できるか確認してみ
ましょう。**

このような黒い画面が出てきたら成功です。

DNSを設定する

　ドメイン名でアクセスしたときにGCEインスタンスの外部IPに到達させるため、DNS
レコードを登録します。通常はドメイン取得代行サービスの設定ページで行います。「ド
メイン名」と「GCEインスタンスの外部IP」が等価になるようにAレコードで設定して
ください。

メール配信サービスに登録する

　マストドンは登録者にメールアドレスの登録確認をするなど、メール配信をすること
があります。GCPではGCEインスタンスからメール配信するポートが閉じられている

ため、SendGrid, Ｍａｉｌｇｕｎ などの外部サービスを利用する必要があります。ここでは GCP で用意されている SendGrid サービスを利用します。無料で 12,000 通/月まで利用できます。

※詳しい説明はこちら

https://cloud.google.com/compute/docs/tutorials/sending-mail/

「Cloud Launcher」を選択します（左）。検索バーに「sendgrid」と入力し、「SendGrid Email API」を選択します（右）。

「無料プランで開始」します。無料プランで登録されたことを確認してください（左）。次に、SendGrid の APIKey の取得をしますので、「Manage API keys on SendGrid website」で SendGrid ページに行きます（右）。

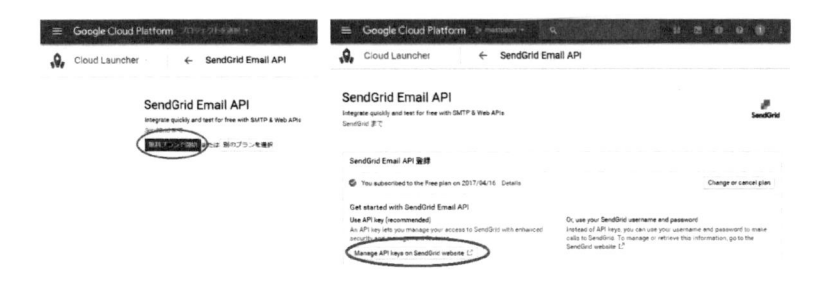

「Create API Key」をします（左）。API Key Name は任意の名前ですが、ここでは、「mastodon」とします。API Key Permissions は 「Full Access」を選択して「Create&View」します（右）。

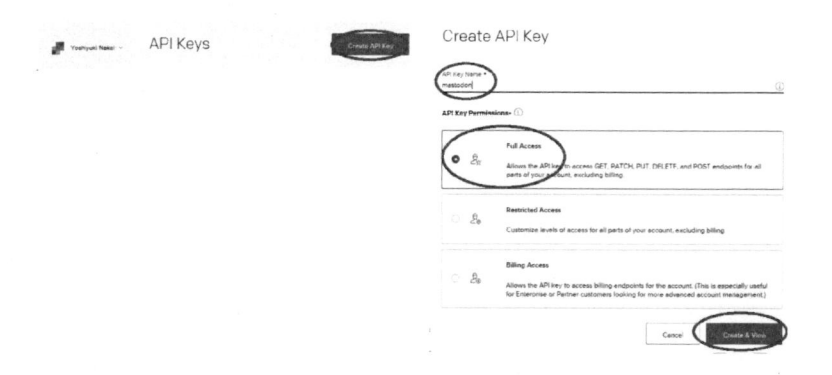

API Key ができました。キーの文字列をクリックして「Copied!」と出たこ
とを確認したら「Done」で終了します。API Key はあとで使用しますので
メモしておきます（左）。API Key ができていることを確認します（右）。

マストドンをインストールする

さて、いよいよGCEインスタンスにマストドンをインストールしていきます。
インストール作業順序は、

1. サーバー設定変更
2. Redis
3. Node.js
4. PostgreSQL
5. Ruby
6. マストドン本体
7. Let's Encrypt

8. nginx

になります。コマンドでインストールしていきますので、ターミナルを開きましょう。

「Compute Engine」→「VM インスタンス」→「SSH」でターミナルを開きます。

root ユーザで作業をしますので、

sudo su

と入力して root ユーザになります。

1. サーバー設定変更

SELinux を無効にします。

setenforce permissive

サーバー再起動後も SELinux が無効になるように

vi /etc/selinux/config

下記の行を編集します

SELINUX=permissive

これで完了です。

2. Redis をインストールする

Redis のインストール/自動起動設定/サービス起動をします。

yum -y install redis
systemctl start redis
systemctl enable redis

と入力して実行します。これで完了です。

3. Node.js をインストールする

npm 互換のパッケージ管理ツール yarn もインストールしておきます。

```
yum -y install nodejs
npm install -g yarn
```

これで完了です。

4．PostgreSQLをインストールする

インストール/初期化/自動起動設定/サービス起動をします。

```
yum -y install postgresql-server
postgresql-setup initdb
systemctl enable postgresql
systemctl start postgresql
```

ここで、マストドン用のデータベースユーザを作成しておきます。ここでは「mastodon」として、CreateDB権限を与えます。

```
su - postgres -c 'createuser mastodon --createdb'
```

これでPostgreSQLの準備が完了です。

5．Rubyをインストールする

　Ruby はバージョン 2.4.1 を使用します。yum コマンドでいきたいところですが、yum パッケージのruby バージョンは 2.0.0 と低いため、RubyDownload ページ (https://www.ruby-lang.org/ja/downloads/) からソースコードをダウンロードしてインストールします。まずは Ruby インストールおよびマストドンで使用するパッケージも一緒にインストールします。

```
yum -y groupinstall "Development Tools"
yum -y install wget gcc make openssl-devel ImageMagick
libffi-devel libxml2-devel libxslt-devel gdbm-devel
libyaml-devel postgresql-devel ncurses-devel
bison-devel autoconf zlib-devel readline-devel
file-devel
```

Rubyをビルドするためのディレクトリを作成して、移動します。

```
mkdir -p /usr/local/src/ruby
cd /usr/local/src/ruby
```

Rubyをダウンロードして、解凍して、ディレクトリ移動します。

```
wget https://cache.ruby-lang.org/pub/ruby/
2.4/ruby-2.4.1.tar.gz
```

```
tar xzf ruby-2.4.1.tar.gz
cd ruby-2.4.1
```
ビルドして、インストールします。
```
./configure
make && make install
```
bundler パッケージをインストールしておきます。
```
/usr/local/bin/gem install bundler
```
これで完了です。

6．マストドン本体をインストールする

　マストドン本体はオープンソースでGitHub(https://github.com/tootsuite/mastodon)
にあります。ダウンロードしてインストールしていきましょう。

まずは、gitをインストールします。
```
yum -y install git
```
マストドンの実行ユーザを作成します。
```
groupadd mastodon
useradd mastodon -d /home/mastodon -m -s /bin/bash -g
mastodon
```
マストドンのインストール先ディレクトリを作成します。
```
mkdir -p /var/www/mastodon
chown mastodon:mastodon /var/www/mastodon
```
ここからは、mastodonユーザで作業します。
```
su - mastodon
```
GitHub リポジトリからダウンロードして、インストールします。
```
cd /var/www/mastodon
git clone https://github.com/tootsuite/mastodon.git .
/usr/local/bin/bundle install --deployment --without
development test
yarn install
```
アプリケーション秘密鍵を作成します。
```
bundle exec rake secret
```
を3回実行して、それぞれメモしておいてください。

　さて、インストールが完了しましたので次に設定をしていきます。サンプルファイル

が用意されていますので、それを流用して.env.productionファイルを編集して設定します。

```
cp .env.production.sample .env.production
vi .env.production
```

編集箇所だけ記載します。

```
REDIS_HOST=localhost
DB_HOST=/var/run/postgresql
DB_USER=mastodon
DB_NAME=mastodon
LOCAL_DOMAIN=ドメイン名
PAPERCLIP_SECRET=アプリケーション秘密鍵1つ目
SECRET_KEY_BASE=アプリケーション秘密鍵2つ目
OTP_SECRET=アプリケーション秘密鍵3つ目
SINGLE_USER_MODE=true
SMTP_SERVER=smtp.sendgrid.net
SMTP_PORT=2525
SMTP_LOGIN=apikey
SMTP_PASSWORD=SendGridで取得したAPIKey
SMTP_FROM_ADDRESS=ご自分のメールアドレス
```

次に、データベースの初期セットアップをします。

```
RAILS_ENV=production bundle exec rails db:setup
```

続いて、アセットの初期セットアップをします。

```
RAILS_ENV=production bundle exec rails
assets:precompile
```

mastodon ユーザでの作業はここまでですので、

```
exit
```

で、root ユーザに戻ります。

　続いて、root ユーザでマストドン本体の起動スクリプトを3つ設置していきます。

一つ目のスクリプト

```
cat << _EOF_ > /etc/systemd/system/mastodon-web.service
[Unit]
Description=mastodon-web
After=network.target
[Service]
```

```
Type=simple
User=mastodon
WorkingDirectory=/var/www/mastodon
Environment="RAILS_ENV=production"
Environment="PORT=3000"
ExecStart=/usr/local/bin/bundle exec puma -C
config/puma.rb
TimeoutSec=15
Restart=always
[Install]
WantedBy=multi-user.target
_EOF_
```

二つ目のスクリプト

```
cat << _EOF_ >
/etc/systemd/system/mastodon-sidekiq.service
[Unit]
Description=mastodon-sidekiq
After=network.target
[Service]
Type=simple
User=mastodon
WorkingDirectory=/var/www/mastodon
Environment="RAILS_ENV=production"
Environment="DB_POOL=5"
ExecStart=/usr/local/bin/bundle exec sidekiq -c 5 -q
default -q mailers -q pull -q push
TimeoutSec=15
Restart=always
[Install]
WantedBy=multi-user.target
_EOF_
```

三つ目のスクリプト

```
cat << _EOF_ > /etc/systemd/system/mastodon-streaming.
service
[Unit]
```

```
Description=mastodon-streaming
After=network.target
[Service]
Type=simple
User=mastodon
WorkingDirectory=/var/www/mastodon
Environment="NODE_ENV=production"
Environment="PORT=4000"
ExecStart=/bin/npm run start
TimeoutSec=15
Restart=always
[Install]
WantedBy=multi-user.target
_EOF_
```

設置したスクリプトでマストドン本体の自動起動設定/サービス起動をします。

```
systemctl enable mastodon-web.service
mastodon-sidekiq.service mastodon-streaming.service
systemctl start mastodon-web.servicemastodon-sidekiq.
service mastodon-streaming.service
```

7．Let's Encryptをインストールする

　「Let's Encrypt(https://letsencrypt.jp/)」とは、商用利用可能なSSL/TLS証明書を無料で取得できるサービスです。証明書更新の自動化を手軽に行えてサイト運営が楽になるため、最近多く使われるようになりましたね。ここではHTTP通信のSSL化をするため、証明書を取得します。

Let's Encrypt をインストールします。

```
yum -y install certbot
```

証明書を取得します。

```
certbot certonly --standalone -d ドメイン名-m ご自分のメー
ルアドレス --agree-tos --non-interactive
```

　このコマンドでは、「ドメイン名」から「GCEインスタンスの外部IPアドレス」が正しく導けるかというテストをしています。失敗した場合は正しくDNSレコードが設定されているかもう一度確認してみましょう。成功すると、以下のディレクトリが作成され

ていることが確認できます。

```
ls -l /etc/letsencrypt/live/ドメイン名
```

これで完了です。

8．nginxをインストールする

nginx をインストールします。

```
yum -y install nginx
```

設定ファイルを設置します。太字（ドメイン名）部分はご自分の環境に合わせて変更してください。

```
cat << '_EOF_' > /etc/nginx/conf.d/mastodon.conf
map $http_upgrade $connection_upgrade {
default upgrade;
""      close;
}
server {
listen 80;
listen [::]:80;
server_name ドメイン名   ;
return 301 https://$host$request_uri;
}
server {
listen 443 ssl;
server_name ドメイン名   ;
ssl_protocols TLSv1.2;
ssl_ciphers EECDH+AESGCM:EECDH+AES;
ssl_ecdh_curve prime256v1;
ssl_prefer_server_ciphers on;
ssl_session_cache shared:SSL:10m;
ssl_certificate      /etc/letsencrypt/live/ドメイン名
/fullchain.pem;
ssl_certificate_key /etc/letsencrypt/live/ドメイン名
/privkey.pem;
keepalive_timeout    70;
```

```
sendfile              on;
client_max_body_size 0;
gzip off;
root /var/www/mastodon;
add_header Strict-Transport-Security "max-age=31536000;
includeSubDomains";
location / {
try_files $uri @proxy;
}
location @proxy {
proxy_set_header Host $host;
proxy_set_header X-Real-IP $remote_addr;
proxy_set_header X-Forwarded-For $proxy_add_x_forwarded
_for;
proxy_set_header X-Forwarded-Proto https;
proxy_pass_header Server;
proxy_pass http://localhost:3000;
proxy_buffering off;
proxy_redirect off;
proxy_http_version 1.1;
proxy_set_header Upgrade $http_upgrade;
proxy_set_header Connection $connection_upgrade;
tcp_nodelay on;
}
location /api/v1/streaming {
proxy_set_header Host $host;
proxy_set_header X-Real-IP $remote_addr;
proxy_set_header X-Forwarded-For $proxy_add_x_forwarded
_for;
proxy_set_header X-Forwarded-Proto https;
proxy_pass http://localhost:4000;
proxy_buffering off;
proxy_redirect off;
proxy_http_version 1.1;
proxy_set_header Upgrade $http_upgrade;
```

```
proxy_set_header Connection $connection_upgrade;
tcp_nodelay on;
}
error_page 500 501 502 503 504 /500.html;
}
_EOF_
```
nginxの自動起動設定とサービス起動をします。
```
systemctl enable nginx
systemctl start nginx
```
これで完了です。

マストドンの起動を確認する

　これでインストール作業はすべて完了しましたので、起動確認してみましょう。
https://ドメイン名/にアクセスしてみてください。この画面が出てきましたね！

　まずは、ユーザ名などを入力して参加してみましょう。

マストドンインスタンスの管理者になる

　参加できたら、マストドンインスタンスの管理者になるためにコマンドを実行します。
mastodonユーザになって、マストドン本体をインストールしたディレクトリに移動します。

```
su - mastodon
cd /var/www/mastodon
```

マストドンに登録されたユーザを管理者にします。

```
RAILS_ENV=production bundle exec rails
mastodon:make_admin USERNAME=登録したユーザ名
```

　続いて、管理者用ページ (https://ドメイン名/admin/settings) にアクセスして、インスタンス情報を編集してみましょう。

「サイトのタイトル」を「Mastodon on GCP」に、「サイトの説明文」を「Google Cloud Platform について語り合いましょう！」に、「新規登録を受け付ける」を「無効」に編集した状態です。

マストドンインスタンス完成！

　見事 "お一人様インスタンス" をたちあげることができました！これであなたもマストドンインスタンス管理者の仲間入りです！それでは、良いマストドンライフを！

運用してみてわかった、大規模インスタンスを運用するコツ
（道井俊介・ピクシブ）

Pawooの立ち上げ

　ピクシブの公式マストドンインスタンスである「Pawoo」は、2017年4月14日の夜、突如としてリリースされました。社内でのプロジェクト立ち上げからリリースまでは10時間弱。本稿ではリリースからこれまでに起こった問題、そしてそれをどうやって解決してきたかをご紹介します。

Pawooのはじまり

　ピクシブでのマストドンインスタンスプロジェクトは、ピクシブのリードエンジニアである清水が、新しいコミュニケーション文化が生まれる場、クリエイターたちの創作活動を盛り上げるツールとしてのマストドンの可能性に魅了されたことからはじまります。
　彼は同時に、富豪的な構成が必要で組織的な力がなければ安定したコミュニケーションインフラとなりえないことを憂慮していました。
　マストドンにおけるクリエイター同士のコミュニケーションを支えるにはピクシブがやらなければならない。彼のその発案からすぐにチームが発足し、1日足らずで「Pawoo」という名前でマストドンインスタンスがリリースされることになります。

Pawooの構成

マストドンの構成

　それではまず、マストドンの構成を見ていきます。マストドンはRuby on Railsを中心としたWebアプリケーションです。それぞれのプロセスの役割は次のようになっています。

- Puma: Ruby on Rails アプリケーションを動作させるサーバープロセス
- Sidekiq: ジョブキュー
- Node.js: ストリーミング API を提供するサーバープロセス
- PostgreSQL: データベース
- Redis: キューやキャッシュに用いる KVS
- nginx: リバースプロキシ

図1　マストドンのアプリケーション構成

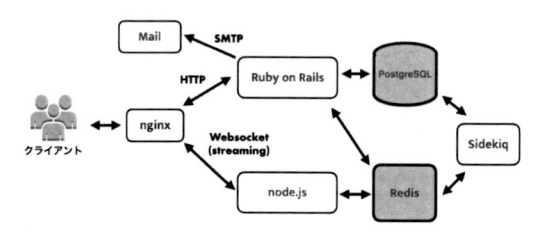

　基本的な API、HTML のレンダリングを Ruby on Rails アプリケーションが担当し、ストリーミング API は Node.js で動作するサーバープロセスが担当しています。ユーザーから API に送信されたトゥートは Sidekiq ジョブに挿入され、各ユーザーのタイムラインに配信される仕組みです。

初期のインフラ構成

　Pawoo は基本的なインフラストラクチャを AWS（Amazon Web Services）上に構築しています。ピクシブでは自前で契約しているデータセンター内の物理サーバーを利用してサービスを運用することが多いですが、10 時間で物理サーバーを用意するのは時間的、コスト的にかなり難しいものがありました。

　しかし、クラウドサービスであれば、このような非常に厳しい時間要件を求められてもすぐにサーバーを用意することができます。今回のマストドン導入では、今年 4 月に入社したばかりのインフラエンジニア nojio と、新卒 2 年目の konoiz がシュッと構成を用意してくれました。

図2 Pawoo のインフラストラクチャ構成

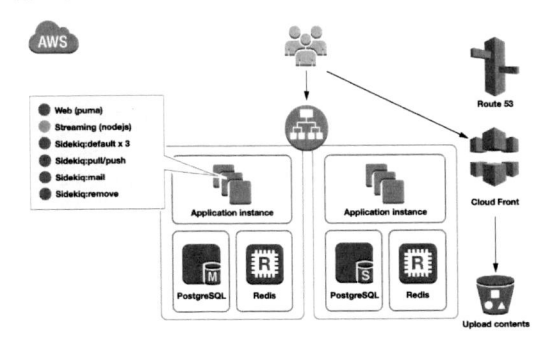

マネージドサービスの利用

このクラウドサービスを利用するにあたり、AWSのマネージドサービスを活用することで、短時間でのリリースを実現することができました。特にALB、RDSを用いてマルチAZ構成を構成することで、たった数時間で可用性の高い運用を開始することができています。また、万が一のバックアップに関してももRDSを利用すれば簡単に用意できます。

- ・RDS for PostgreSQL：マネージドデータベースサービス
- ・ElastiCache：マネージドKVSサービス
- ・ALB (Application Load Balancer)：マネージドL7ロードバランサ

Dockerをやめ、Systemdサービスに

アプリケーションを動作させているEC2インスタンスはすべて同一スペック、同一構成を取っています。そのため、AMIを利用し、負荷に応じて簡単にスケールアウトすることが可能です。

マストドンのすべてのプロセスはDockerを用いずに直接Systemdサービスとして起動しています。これにより弊社で標準的に利用している、RSyncによるデプロイ、シグナル発行によるホットリロードを行う仕組みに簡単にのせることができています。Systemdで動作させるためのサービスファイルはマストドンのドキュメントにもサンプルが掲載されています（https://github.com/tootsuite/documentation/blob/master/Running-Mastodon/Production-guide.md）。

サービスファイルの例

```
Description=mastodon-web-service
After=network.target

[Service]
Type=simple
User=mastodon
WorkingDirectory=/home/mastodon/live
Environment="RAILS_ENV=production"
Environment="PORT=3000"
Environment="WEB_CONCURRENCY=8"
ExecStart=/usr/local/rbenv/shims/bundle exec puma -C
config/puma.rb
ExecReload=/bin/kill -USR1 $MAINPID
TimeoutSec=15
Restart=always

[Install]
WantedBy=multi-user.target
```

　また、Systemdサービスにしてしまうのではなく、Dockerコンテナを利用して運用する方法もあるでしょう。そのためには自前でDockerコンテナをビルドし、運用するための仕組み、ECSなどを利用したデプロイ環境、無駄なリソースを確保しないためのホストインスタンスのオートスケーリングなど、多くの仕組みを用意する必要があります。

　弊社にはこのようなノウハウがまだそれほど蓄積されていないため、Dockerを本番環境で利用することはしていませんが、Dockerでの運用に挑戦してみるのもいいかもしれません。なお参考までに、マストドンが公式に提供しているDockerイメージはバグが多いままリリースされることも多く、開発に利用できたとしても本番で運用するのはあまりおすすめできません。安定していることを確認したイメージを独自にメンテナンスする必要があるでしょう。

続々と出てくる問題の解決

　こうしてプロジェクト開始から10時間程度でリリースされたPawooですが、当初か

ら多くの問題が発生しました。運用開始直後はこれらの対応に追われることになったのですが、いくつかの改善を行うことで、今では安定した運用を実現しています。

nginx

リリース開始当初、nginxはほぼデフォルト設定のまま動かされていましたが、このままではリクエスト数が増えたときにエラーが発生するようになります。ポイントとなるのは次の2つのディレクティブです[1]。
- ・worker_rlimit_nofile：開けるファイルの最大数
- ・worker_connections：ワーカープロセスあたりの最大コネクション数

マストドンではWebSocketでタイムラインの情報をストリーミング配信します。ブラウザが開かれている間、ユーザーとのコネクションは接続しっぱなしになるため、上記設定値はHTTPサーバーとして普通使う用途に比べかなり高めの値に設定しておく必要があります。

PostgreSQL

マストドンで利用されているPostgreSQLは1コネクションごとに1つのプロセスをforkします。forkは非常に重い処理であり、コネクションを何度も張るのは非常にコストが高い処理です。ピクシブでは日常的にMySQLを利用しており、コネクションのコストを意識することが少ないため、あまり運用ノウハウがないところでした。

マストドンは各アプリケーションにコネクションプールが実装されています。コネクションプールの値はDBサーバーの負荷を見ながら適切な値に設定しましょう。小さすぎても遅延の原因になってしまいます。PawooではAWSのCloud Watchを使ってRDSへのコネクション数を監視するようにしています。コネクションプールのサイズにあわせてRDSをスケールアップすることで、安定した運用を行えるようになりました。

図3 RDSのCPUリソースグラフ（ガクッと下がっているところで
スケールアップした）

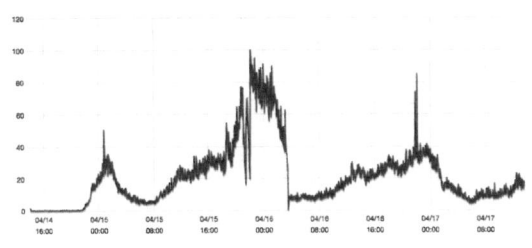

Sidekiq との戦い

　ここまで基本的なミドルウェアについて触れましたが、Sidekiq のキューをいかにさばくかがマストドン運用の鍵です。マストドンではほとんどのロジックを Sidekiq で行います。

- ・各ユーザーのホームタイムラインへの反映
- ・メンションの通知
- ・ストリーミング配信
- ・他インスタンスからのトゥート取得/トゥート送信
- ・メールの送信

　つまり、マストドンのメインであるトゥートについてほとんどの処理が Sidekiq ジョブを通して行われます。Ruby on Rails や Node.js の部分がインターフェースであれば、Sidekiq で動いているのはマストドンのメインロジックと呼ぶこともできるかもしれません。

マストドンにおける Sidekiq の重要性

　Sidekiq がマストドンにおいて如何に重要な存在か詳しく見ていきましょう。ユーザーが 1 トゥート行うと、DB にインサートされるとともに、その更新を反映するジョブである DistributionWorker が Sidekiq キューに積まれます。この DistributionWorker は各フォロワーのホームタイムラインに対してトゥートの更新を配信します。この DistributionWorker が行う処理は次のような処理です[2]。

```
status.account.followers.select(:id).find_each do
|follower|

FeedInsertWorker.perform_async(status.id, follower.id)

end
```

　このコードはステータスをトゥートしたユーザーのフォロワーの数だけ FeedInsert-Worker を呼び出します。つまり、ユーザーがトゥートするとそれをフォローしているユーザーの数だけ、新たな Sidekiq ジョブが実行されることになります。数千ユーザーにフォローされている @pixiv（https://pawoo.net/@pawoo）がトゥートすると数千ジョブがキューに積まれる訳です。

　Sidekiq ジョブの処理が遅れれば遅れるほど、ユーザーのタイムラインが遅延していくことになります。キューが数十分にわたって流れない状態が続くと、タイムラインが遅延したままになってしまい、ユーザーは快適なマストドン生活を行うことができません。

キューごとにプロセスを分割

　まず最初に問題になるのは、リモートインスタンスへの配信処理です。ほかのインスタンスのユーザーをフォローできるのは分散 SNS であるマストドン最大の特徴です。この処理も Sidekiq ジョブによって実行されています。リモートインスタンスにトゥートを送信するためには、リモートフォローされているすべてのインスタンスに対して API をリクエストする必要があります。自分の管理しているインスタンスであれば問題ないですが、ほかのインスタンスが障害状態になっていたり、処理が遅くなっていたりすると手も足も出ません。この問題を解決するためマストドンでは Sidekiq のキューが 4 つに分割されています。

- ・default: トゥートの反映など全般
- ・mail: メールを送信する
- ・push: リモートインスタンスに更新を送信する
- ・pull: リモートインスタンスから更新を取得する

　この pull、push の処理を別プロセスに分割することで、リモートインスタンスが遅くてもタイムラインの更新処理を継続することができます。Sidekiq では起動オプションでどのキューを処理するか選択することができるため、これを利用して処理するプロセスを分けています。

default キューだけを処理する場合：

```
/usr/local/rbenv/shims/bundle exec sidekiq -c 40 -q
default
```

pull、push キューを処理する場合：

```
/usr/local/rbenv/shims/bundle exec sidekiq -c 40 -q
pull -q push
```

　他のインスタンスに起因して遅延が発生することは比較的小規模のインスタンスでも起こりえます。リソースに余裕があれば pull、push のキューの処理を分けることをおすすめします。

複数プロセスを起動

　キューを分割することでリモートインスタンスに起因するタイムライン遅延には対処できますが、フォロワーが多いユーザーがトゥートしたことによる遅延を解決することはできません。この問題を解決するにはタイムライン更新の並列性を高める必要があります。Sidekiq には 1 つのプロセスあたりのジョブ並列性を設定する方法がありますがマストドンでは残念ながらスケールできる設計になっていないため、1 つの Sidekiq プロセ

スでは1つのCPUコアしか使用することができないようです。

　これを解決するため、defaultキューを処理するSidekiqプロセスは複数立てて実行しています。現在のPawooではdefaultキューを処理するSidekiqワーカーが1200ほど起動しています。

マストドン自体の改善

　さて、ここまでの改善はマストドン自体に改善を行っているわけではなく運用でカバーしていたものになりますが、これ以外にピクシブではマストドン自体を速くすることによる改善も行っています。ここでは最も効果が大きかった改善の1つである「Improve streaming API server performance with cluster #1970（https://github.com/tootsuite/mastodon/pull/1970）」を紹介します。

　マストドンのストリーミングAPIサーバーはNode.jsで書かれたシンプルなAPIサーバーとして実装されています。Node.jsはイベント駆動のアーキテクチャであり、シングルスレッドで動作するため1つのCPUコアしか利用できない特徴があります。同時接続ユーザーが多いPawooではストリーミングAPIサーバーがスケールしない問題がすぐに発生しました。

　この事態を解決するためには、Node.jsサーバーを複数プロセス起動し、複数のCPUコアを利用できるようにしました。Node.jsでは標準モジュールであるclusterモジュールを利用することで、簡単に複数のプロセスへの分散を実現できます。この改善はすでにマストドン本体にも組み込まれており、v1.2.2以上を利用することでこの恩恵を受けることができます。

Pawooのこれから

　これらの改善によってようやく安定運用を始めたPawooですが、ようやくスタートラインにたったということもできます。この火が消えないようにさらなる改善を続けていく予定です。

Pawoo独自機能の追加

　最近リリースした大きな機能には次のようなものがあります。
- pixivアカウント連携
- メディアタイムライン
- pixivからPawooへのシェア機能

・スマートフォンアプリ Pawoo

安定化が一段落したことで、Pawoo の独自色がでる機能も追加しはじめることができました。これ以外にも Pawoo らしい機能を続々と追加していく予定です。

マストドン自体の改善

Pawoo をマストドンからかけ離れたものにしていく予定もありません。上述したように、マストドンにはリモートインスタンスが遅くなることによって、影響を受けるいくつかの機能があります。

Pawoo の発展のためにはマストドン自体を高速化することで、すべてのインスタンスが高速に動作していくようにする必要があります。ピクシブではこれまでに 30 以上の改善をマストドン本体に送っており、今後も性能向上に努めていきます。

まとめ

本稿ではマストドンインスタンス Pawoo の運用を通して経験した大規模インスタンス運用のノウハウについて紹介しました。Pawoo はこれで安定して終わりはなく、むしろここから発展していくサービスです。さらに大きなインスタンスになっていくことを願っています。そのときには今と違った様々な問題が起こるでしょう。Pawoo の運用を通じてわかったノウハウについては今後も pixiv inside（https://inside.pixiv.blog/）などを通じて発信していきます。

---

1. nginx はこれ以外にそれほど難しいことをしていません。各ディレクティブの詳しい説明については、拙著ですが『nginx 実践入門』（技術評論社）に書いています。
2. 紙面の都合でコードを簡略化しています

大規模化に対応できるインスタンスの構築
（守永宏明・grasys）

規模を意識してクラスタを構成する

　この章では実際の運用を視野に入れてクラスタを構築します。マストドンは分散型SNSとして様々な個人や企業が利用できるように設計されており、誰でも気軽に構築できるという意味で素晴らしいOSSです。しかし、企業などがホストする場合はその後の運用も視野に入れて環境を構築した方が良いでしょう。

※なお、本章の内容は2017年4月末現在の状況をもとにしています。実際に構築される際には最新の内容も考慮してください。

　運用には、次にあげるような要素があります。

スケーラビリティ／アベイラビリティ／コスト／保守／監視／セキュリティ／アプリケーションのデプロイ／継続的なチューニング　……etc.

　本来であれば、上記に挙げた項目を全て考慮した上で構築すべきなのですが、ここでは「スケーラビリティ」と「コスト」に注目して、Google Cloud Platform（以降GCP）を利用したマストドンクラスタを構築します。みなさんが企業でも個人であっても、中〜大規模なクラスタを構築するために役立つことでしょう。

　本章ではGCP上でマストドンをホストするために必要な要素を、なるべくコマンドラインで構築できるように記載します。とりあえずクラスタを構築したい場合はコピペして実行すれば良いですし、不明点などを含め、さらに理解を深めたいところは読み進めてください。難しい点はありません。基本的なLinuxの知識とbashが読めれば理解できる内容です。また、できる限り環境構成ツール（Ansible他）などは使用せず、標準的な機能を使って構築することに重点を置きました。

　ただし、GCPが提供するgcloudコマンド（Google Cloud SDK）に関しては説明が必要でしょう。gcloudコマンドに関してはドキュメントの日本語化も進んでいるので詳細は記述しませんが、必要な点については簡単に説明します。

構築前の準備

　まず GCP のプロジェクトを用意します。下記の URL から無料トライアルボタンをクリックしてプロジェクトを作成してください。

　https://cloud.google.com/

　コスト面で考慮する必要がある場合、クラスタのサイジングは適宜判断して構築してください。GCP には GCP Pricing Calculator という便利なツールが用意されていますので、そちらを利用して見積もりをすると良いでしょう。

・Google Cloud Platform Pricing Calculator

　https://cloud.google.com/products/calculator/

　※ネットワーク利用料金に関しては、転送量に依存しますのでご承知おきください。

　SSL/TSL 暗号化通信でホストする前提ですので、証明書を取得するために、静的なグローバル IP アドレスとドメインが必要です。ドメインは事前に取得しておきます。

　本項で利用するスクリプト等は全て GitHub で公開しています。

・公開リポジトリ

　https://github.com/grasys/gcp-mastodon

マストドンにおけるクラスタリングの考え方

　マストドンは単一のインスタンスでも運用できるようにコンパクトに収まっています。では、これをクラスタ化するためには何をしていけば良いのでしょうか。

　まず単一のインスタンスで構築して、どこが分離できそうか、どこがボトルネックになりそうなのかを考える事が大切です。ボトルネックは運用実績がなければ予測しづらい点ですが、どこが分離できそうかについては大まかなソフトウェアの構成が分かれば想像できます。

　マストドンで利用されているソフトウェアは下記のような構成です。

・ウェブフレームワーク：Ruby on Rails

・ウェブサーバー：Puma

・ジョブキュー：sidekiq

・ジョブキューバックエンド：Redis

・データベース：PostgreSQL

・フロントエンド：nginx

（※公式にサンプルコンフィグが付いており、ここでも nginx を使います）

　公式の Production-Guide によると、DB と Redis はホストやポートが指定できるとの記述があります。ジョブキューはトゥートの反映やメール送信などで負荷がかかりそうな部分ですが、ドキュメントにはジョブキューを分離する方法までは記述されていない

ようです。

　nginxはコンフィグを見る限りウェブサーバーに対するリバースプロキシとして利用されているようです。

　以上を踏まえて、下記のソフトウェアは分離して運用することができそうです。

・sidekiq／Reids／PostgreSQL／nginx

　ただし、sidekiqはプロセスを他のリソースに分けることができますが、ワーカーの動きまで追えていないため今回は対象外とします。また、nginxに関しても運用後の分離が比較的簡単なことと、プロキシ先にUnixドメインソケットが利用できなくなってしまう、Tireが煩雑になることを考慮して対象外とします。スタンダードですが、今回構築するマストドンのクラスタは、次のTireに分けてクラスタリングします。

・マストドンクラスタ
・データベース
・ジョブキューバックエンド

図1. 全体の構成図

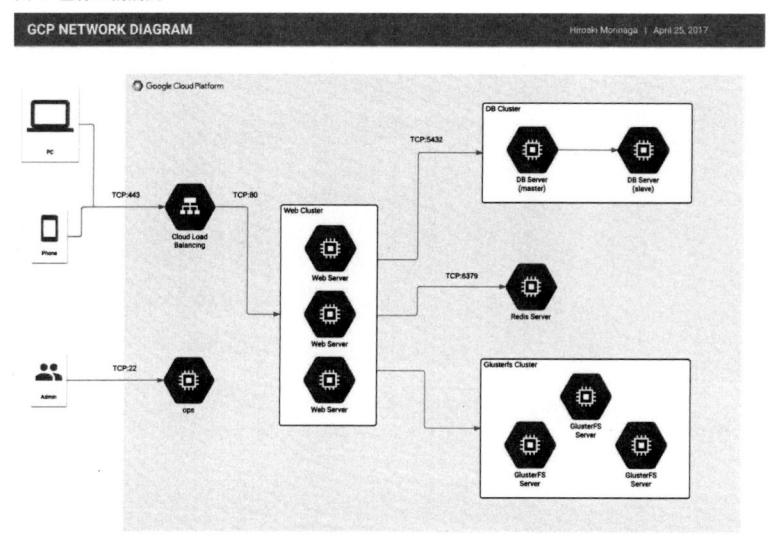

　アセット用のファイルはWebサーバーのファイルシステムに保存されるため、システム全体で共有できるようにGlusterFSをレプリカ構成で使います。

　大量のリクエストを捌くことを考慮し、フロントのエンドポイントとしては高性能のロードバランサーを配置しています。

構築作業の流れ

踏み台兼作業用インスタンスの作成

　クラスタを構築する前に、まず踏み台兼作業用のインスタンス（図1のops）を作成します。ここではGoogle Cloud SDKの導入及び認証、プロジェクト設定まで完了している前提で話を進めます。opsの構築は全てローカル環境（MacOS）から実施します。

★認証状態の確認

```
$ gcloud auth list
Credentialed Accounts:
- <your account> ACTIVE
```

あなたのアカウントがACTIVEになっていることを確認してください。

```
  $ gcloud config list
[core]
account = <your account>
project = <your project id>
```

accountとprojectが設定されていれば大丈夫です。

★opsを作る

```
$ gcloud compute instances create ops --machine-type
n1-standard-1 \
--tags ops --zone asia-northeast1-a --image-project
debian-cloud \
--image debian-8-jessie-v20170327 --scopes
cloud-platform
```

　※イメージdebian-8-jessie-v20170327は、2017/04/22時点での最新イメージであり、新しいイメージが存在する場合はそちらを使用するように、適宜変更しましょう。

　10〜30秒程度でインスタンスが起動しますので、一度gcloudコマンドでログインします。gcloudコマンドでログインすることにより、プロジェクトメタデータにSSH用の公開鍵が登録され、プロジェクト内のインスタンス上で動作するgoogle_accounts_daemonが全てのインスタンス内のユーザHOMEディレクトリに共有鍵を維持するようになります。ログインできたら一度ログアウトします。

　FWにデフォルトで定義されているSSHのポリシーを変更します。踏み台以外のインスタンスへのsshは許可せず、アクセス元のIPも制限します。

　※FWルールに関しては組織によりポリシーが異なると思いますので、適宜変更して

ください。

★SSHのFWルールを更新

```
$ SOURCE_IP=`curl -s httpbin.org/ip | jq -r .origin`
$ gcloud compute firewall-rules update
default-allow-ssh \
--allow TCP:22 --source-ranges ${SOURCE_IP}/32
--target-tags ops
```

図2. SSHのFWルールを更新

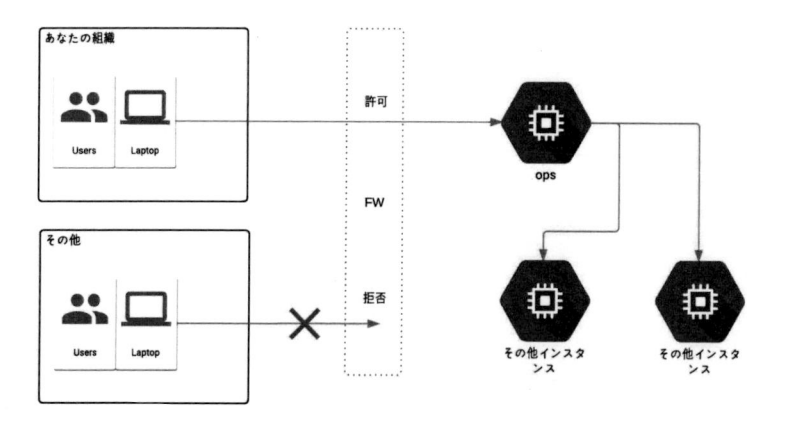

　ここまで完了したらssh-agentでopsに接続して、これから作成するクラスタへログインできる状態にしておきます。

　※ ssh-agentを使うことにより、opsにprivate keyを置かなくてよくなります。

★MacOSでのssh-agent接続例

```
$ ssh-add ~/.ssh/google_compute_engine
$ ssh -A <username>@<ops ip>
```

Redisクラスタの作成

　opsから実行します（以降指定がない場合はopsで作業します）。冗長化する場合はインスタンス名（prd-redis001）のサフィックスを連番などにして作成してください。他のクラスタもそうですが、構築手順は全てstartup scriptに記述しており、Google Cloud Storage（GCS）に配置しているスクリプトをダウンロードして実行します。

スタートアップスクリプトは本項の冒頭で紹介したリポジトリに存在しているので、そちらを利用できるように読者の環境でもGCSのバケットを作成して、スタートアップスクリプトを配置して置きましょう。バケット名はプロジェクトに関係なくユニークである必要であるので注意してください。

　※今回は構成しませんが、grasysではhaproxyとredis-sentinelの組み合わせによる冗長構成を取ることがあります。

★Bucket作成

```
$ BUCKET_NAME=<your bucket name>
$ gsutil mb ${BUCKET_NAME}
```

※リポジトリダウンロード

```
$ git clone https://github.com/grasys/gcp-mastodon.git
```

★GCSへアップロード

```
$ cd gcp-mastodon/startup-scripts
$ gsutil cp postgresql/setup-master.sh \
${BUCKET_NAME}/psql/master.sh
$ gsutil cp postgresql/setup-slave.sh \
${BUCKET_NAME}/psql/slave.sh
$ gsutil cp redis-server/setup.sh \
${BUCKET_NAME}/redis/setup.sh
$ gsutil cp web/setup-first-instance.sh \
${BUCKET_NAME}/web/setup.sh
```

★redisを作る

```
$ gcloud compute instances create prd-redis001 \
--machine-type n1-standard-1 --tags redis \
--zone asia-northeast1-a --image-project debian-cloud \
--image debian-8-jessie-v20170327 \
--scopes cloud-platform --metadata \
startup-script-url=gs://${BUCKET_NAME}/redis/setup.sh
```

このスクリプトではRedisのセットアップを実行しています。

DBクラスタの作成

　Redisクラスタと同様にスタートアップスクリプトを起動時に実行することにより構成します。DBはPostgrSQLのレプリケーション構成となっていますので、マスターサーバーを先に構築してからスレーブサーバーを構築する必要があります。
　また、DBサーバーのディスクは大容量で高性能である必要があります。今回はブートディスクとは別にディスクを構築して、DBのアクセスはそのディスクに向くように設定します。

★ディスクの構築

```
$ gcloud compute disks create prd-db001-data --project grasys-mastodon \
--size 100GB --type pd-ssd --zone asia-northeast1-a
$ gcloud compute disks create prd-db002-data --project grasys-mastodon \
--size 100GB --type pd-ssd --zone asia-northeast1-b
```

　GCPのディスクは容量と種類によって性能が変わってきます。

※永続ディスクとローカルSSDのパフォーマンスの最適化
　https://cloud.google.com/compute/docs/disks/performance

★PostgreSQLマスターサーバーを作る

```
$ gcloud compute instances create prd-db001 \
--machine-type n1-standard-2 --tags db,master \
--zone asia-northeast1-a --image-project debian-cloud \
--image debian-8-jessie-v20170327\
--scopes cloud-platform --metadata \
startup-script-url=gs://${BUCKET_NAME}/psql/master.sh
```

　このスクリプトの実行内容は下記の通りです。
　・ディスクアタッチ、フォーマット、マウント
　・PostgreSQLインストール
　・PostgreSQLコンフィグ変更
　・PostgreSQL再起動

★PostgreSQLスレーブサーバーを作る

```
$ gcloud compute instances create prd-db002 \
--machine-type n1-standard-2 --tags db,slave
--zone asia-northeast1-b --image-project debian-cloud
\
--image debian-8-jessie-v20170327 \
--scopes cloud-platform --metadata \
startup-script-url=gs://${BUCKET_NAME}/psql/slave.sh
```

　マスターサーバーで行う項目に加え、マスターサーバーからのデータのコピー、レプリケーション設定を追加しています。マスターサーバーとスレーブサーバーはゾーンを分けています。GCPはゾーン単位で障害が発生することがあるため、このような構成をとっています。

GlusterFSクラスタの作成

　GlusterFSクラスタの構築はマニュアルで実施します。インスタンス、ディスクの作成に関しては割愛します。コマンドラインはGitHubに置いておきますのでそちらを参照ください。
　prd-gluster001,prd-gluster002,prd-gluster003それぞれで実施してください。

★アタッチディスクのマウントまでの処理

```
$ sudo su -
$ mkfs.ext4 -F \
-E lazy_itable_init=0,lazy_journal_init=0,discard \
/dev/disk/by-id/google-${HOSTNAME}-data
$ mkdir -p /data/brick1
$ echo  "/dev/disk/by-id/google-${HOSTNAME}-data
/data/brick1 ext4 defaults 1 2" >> /etc/fstab
$ mount -a && mount
$ mkdir -p /data/brick1/media
$ systemctl start glusterfs-server
```

★ボリューム開始までの処理(prd-gluster001)のみで実施

```
$ sudo su -
$ gluster peer probe prd-gluster002
$ gluster peer probe prd-gluster003
$ gluster volume create media-volume replica 3
```

```
transport tcp \
prd-gluster001:/data/brick1/media \
prd-gluster002:/data/brick1/media \
prd-gluster003:/data/brick1/media
$ gluster volume start media-volume
```

Webクラスタの作成

　Webサーバーの構築はマストドンオフィシャルGitHubのProduction-Guideと同等の内容を実行します。

★Webサーバーを作る

```
$ gcloud compute instances create prd-web001 \
--machine-type n1-standard-2 --tags web \
--zone asia-northeast1-a --image-project debian-cloud
\
--image debian-8-jessie-v20170327 \
--scopes cloud-platform --metadata \
startup-script-url=gs://${BUCKET_NAME}/web/setup.sh
```

Webクラスタ用のGlobalロードバランサー

　SSL/TLSサーバー証明書を発行するまでHTTPSのフォワーディングルールは作成できないので、まずはHTTPのみ作成します。

図3. HTTP(S)ロードバランサーの要素

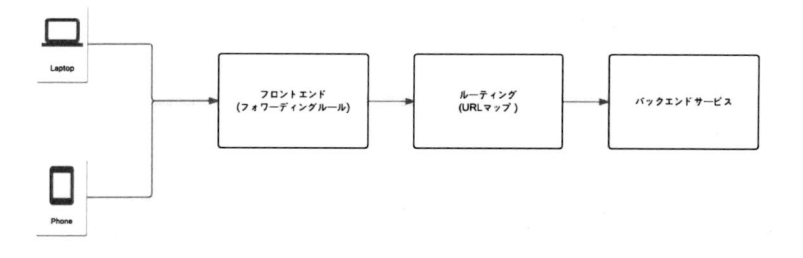

　HTTP(S)ロードバランサーは、図3の通り次のものがあるので覚えておいてください。

これらの要素を構築していきます。
- ・フォワーディングルール
- ・URLマップ
- ・バックエンドサービス

図4. バックエンドサービスと配下の要素

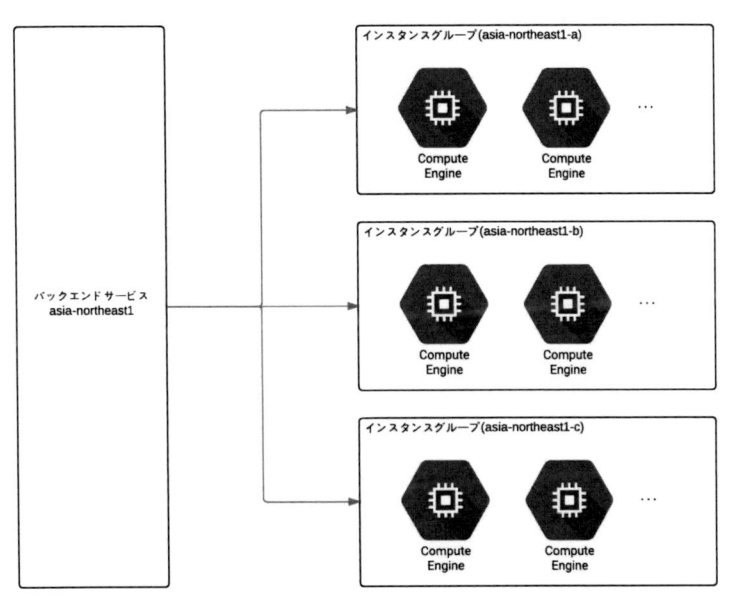

　バックエンドサービスの要素は図4の通りです。インスタンスはすでに作成してありますので、バックエンドサービスとインスタンスグループを作成します。

★ヘルスチェックを作成

```
$ gcloud compute http-health-checks create
http-web-health-check \
--description "Health Check for Web cluster."
```

★バックエンドサービスを作成

```
$ gcloud compute backend-services create
web-cluster-lb --global \
--protocol HTTP --http-health-checks http-web-health
-check
```

★インスタンスグループを作成

```
$ gcloud compute instance-groups unmanaged create
web-instance-group \
--zone asia-northeast1-a
```

★インスタンスグループに追加

```
$ gcloud compute instance-groups unmanaged
add-instances   \
web-instance-group --instances prd-web001 --zone
asia-northeast1-a
```

★バックエンドサービスに追加

```
$ gcloud compute backend-services add-backend
web-cluster-lb \
--instance-group web-instance-group --instance-group-zone
asia-northeast1-a \
--global
```

★URLマップを作成

```
$ gcloud compute url-maps create mastodon-web-lb \
--default-service web-cluster-lb
```

★HTTPProxyを作成

```
$ gcloud compute target-http-proxies create
http-web-cluster-lb-proxy \
--url-map mastodon-web-lb
```

HTTPProxyはフォワーディングルールに複数のURLマップを紐付けるための要素です。

★静的IPを取得

```
$ gcloud compute addresses create web-cluster --global
```

★フォワーディングルールを作成

```
$ WEB_CLUSTER_IP=`gcloud compute addresses describe
web-cluster --global --format json | jq -r .address`
$ gcloud compute forwarding-rules create \
http-web-cluster-lb-forwarding-rule --ports 80 \
--target-http-proxy http-web-cluster-lb-proxy \
```

```
--address ${WEB_CLUSTER_IP} --global
```

Let's Encript で証明書を作成する

　prd-web001 で実行します。この作業を実施する前に、ドメインとロードバランサーのグローバルIPアドレスを紐づけておいてください。

★CloudDNSにゾーンとレコードセットを追加

```
$ gcloud dns managed-zones create mastodonzone
--dns-name <your domain>
$ gcloud dns record-sets transaction start -z
mastodonzone
$ WEB_CLUSTER_IP=`gcloud compute addresses describe
web-cluster --global --format json | jq -r .address`
$ gcloud dns record-sets transaction add -z
mastodonzone \
--name <your domain> --ttl 300 --type A
"${WEB_CLUSTER_IP}"
```

　追加が完了したら、dig コマンド等でDNS A レコードが浸透していることを確認した後、証明書の取得を行います。

★証明書の生成

```
$ sudo systemctl stop nginx
$ sudo apt-get install -y certbot -t jessie-backports
$ sudo certbot certonly --preferred-challenges http \
--register-unsafely-without-email --agree-tos \
--standalone -d <your domain name>
```

※証明書の生成に失敗した場合はむやみに再度実行しないようにしてください。Failed Validation limit が存在するのでエラー内容を確認し、適宜対応してください。
https://letsencrypt.org/docs/rate-limits/ より引用
We recently (April 2017) introduced a Failed Validation limit of 5 failures per account, per hostname, per hour. This limit will be higher on staging so you can use staging to debug connectivity problems.
※もはやDV証明書は誰でも取得できますので、企業として運用していくためにはEV証明書を取得した方が望ましいです。本章では証明書の取得に重点を置いていないため、Let's Encript でDV証明書を取得しています。

HTTPSフォワーディングルール

　opsから実行します。証明書が準備できたらWebクラスタ用のGlobalロードバラン
サーにHTTPSフォワーディングルールを追加します。

★GCPオブジェクトの証明書を作成

```
$ gcloud compute ssl-certificates create mastodon`date
+%Y%m%d` \
--private-key <path to private key> --certificate
<path to certificate>
```

★HttpsProxyを作成

```
$ gcloud compute target-https-proxies create
https-web-cluster-lb-proxy \
--ssl-certificate mastodon`date +%Y%m%d` --url-map
mastodon-web-lb
```

★フォワーディングルールを作成

```
$ WEB_CLUSTER_IP=`gcloud compute addresses describe
web-cluster --global --format json | jq -r .address`
$ gcloud compute forwarding-rules create \
https-web-cluster-lb-forwarding-rule --ports 443 \
--target-https-proxy https-web-cluster-lb-proxy \
--address ${WEB_CLUSTER_IP} --global
```

　駆け足でしたが、以上で一通りの環境構築は完了です。

画像等のメディア

　マストドンの投稿やユーザのアバターは、デフォルトではWebサーバーのローカル
ファイルシステムに保存されます。Webサーバーを複数台構成にする場合、ファイルを
共有する仕組み、もしくは直接外部ストレージやアセットサーバーに書き込む仕組みが
必要になります。

　今回構築するWebサーバーではユーザのポストを考慮して、書き込みと読み込みのバ
ランスが大事なためGlusterFSを採用しました。WebサーバーからGlusterFSのボリュー
ムをマウントして使用します。

　GlusterFSのボリュームマウントに関してはGitHubで公開していますのでそちらを参
照ください。

★アセットディレクトリのディレクトリをGlusterFSに向ける

```
$ sudo su - mastodon
$ mkdir ${HOME}/live/public/system
$ ls -s ${HOME}/media/* ${HOME}/live/public/system/
```

GCEインスタンスからメール送信

　マストドンのユーザ認証ではメールを利用します。GCPドキュメントの内容に従い、いずれかの方法でメールを送信できるようにしましょう。

　GCEインスタンスからメール送信する内容に関しては本項では説明しません。下記URLに従い各自設定してください。

　https://cloud.google.com/compute/docs/tutorials/sending-mail/

　テストメールが送信できたら、マストドンのproduction設定を変更して再起動しましょう。変更する項目は下記の通りです。

★メール設定例

```
$ vi /home/mastodon/live.env.production
SMTP_SERVER=smtp.sendgrid.net
SMTP_PORT=2525
SMTP_LOGIN=xxxxx
SMTP_PASSWORD=yyyyy
SMTP_FROM_ADDRESS=notifications@example.com
```

★マストドン再起動

```
$ sudo systemctl restart mastodon-*.service
```

nginxの設定変更

　prd-web001で実行します。作業はroot権限で行います。Webサーバーのフロントエンドであるnginxの設定は、証明書取得の関係上スタートアップスクリプトに含んでいませんのでマニュアルで設定します。

★SystemdのUnitファイルを変更

```
$ vi /etc/systemd/system/multi-user.target.wants/nginx.
service
```

　次の行でコンフィグを読み込むように変更します。

★変更前

```
ExecStart=/usr/sbin/nginx  -g 'daemon on;
master_process on;'
ExecReload=/usr/sbin/nginx -g 'daemon on;
master_process on;' -s reload
```

★変更後

```
ExecStart=/usr/sbin/nginx -c /etc/nginx/nginx.conf -g
'daemon on; master_process on;'
ExecReload=/usr/sbin/nginx -c /etc/nginx/nginx.conf -g
'daemon on; master_process on;' -s reload
```

変更が完了したら systemctl daemon-reload しておきましょう。

★nginx コンフィグファイルを追加

```
$ git clone https://github.com/grasys/gcp-mastodon.git
$ cp gcp-mastodon/web/nginx/conf.d/mastodon.conf \
/etc/nginx/conf.d/mastodon.conf
```

弊社のリポジトリに公開されておりますので、それを利用します。上記コンフィグ内の server_name に関しては、適宜変更してください。

★修正内容

```
-   server_name mastodon.grasys.io;
+   server_name <your server name>;
```

★nginx 起動

```
$ systemctl start nginx
```

以上でマストドンにアクセスできるようになります。

スタートアップスクリプトを削除

　GCE インスタンスはハード故障により稀に再起動することがあります。インスタンス起動の際にスタートアップスクリプトが実行されるので、DB サーバーと Web サーバーは再セットアップが走り、データの削除などが行われてしまいます。一度セットアップしたサーバーからスタートアップスクリプトを削除しましょう。

　スクリプトに関しては GitHub で公開していますのでそちらを参照ください。

Webサーバーをイメージ化

Webサーバーはマニュアルの作業が多いので、インスタンスのイメージを作成しておきましょう。

スクリプトに関してはGitHubで公開していますのでそちらを参照ください。

以降、Webサーバーが必要になった時はイメージから作成すれば、イメージを作成した状態のインスタンスが構築できます。スナップショットとテンポラリディスクはもう不要なので消しても大丈夫です。

その他の検討項目

大規模にスケールするためのマストドンの環境構築は一通りできました。しかし実際に運用するためにはまだまだ足りないことがあります。

- リソース/プロセス/死活監視（Stackdriver Monitoring等）
- オーケストレーション（fabric, cinnamon, consul等）
- インフラのコード化（terraform, ansible等）
- セキュリティ（ClamAV, Vuls等）
- アセット配信方法（Google Cloud CDN、Fastly, Cloudflare等）
- DBなどのバックアップ
- コンテンツ運用（Botの作成、テキスト/画像等の監視）
- 継続的なチューニング（カーネルパラメータ、アプリケーション設定）
- 静的コンテンツの配信（かゆいw GCS実装して〜w）

- Redisの分散（コンシステンシーハッシュとか分散ロジックを実装してほしい。というかマネージドサービスが出ないかな。Google頑張れ。）
- Sidekiqプロセスの分散

上記を踏まえて、企業でインスタンスを立てる場合はよく検討してから運用を開始してください。

構成と執筆の期間がおよそ4日というとても短い期間でしたが、マストドンのホストをするだけならかなり簡単だと思いました。がっつり時間をかければサービスとしてきちんと運用できそうなプロダクトです。本当はソースもちゃんと追って、チューニングポイントを探したり、法的な部分にも踏み込んで予算と運用ポリシーを決めて運用したかったところです。特に、RedisとSidekiqのところは何もできなくて悔しい感じでした。多分しばらくの間は活発に開発されるでしょうから、どんどん良いプロダクトになっていきそうですね。では、みなさん、素敵なマストドンライフを！

あとがき

　あっという間にアーリーアダプター注目の的となった「マストドン[1]」。本書ではマストドンムーブメントの "はじまりの2週間" である2017年4月11日から26日までの情報を1冊にまとめました。

　本書の中でも繰り返し触れられていることですが、黎明期には人々に自由をもたらすかと思われたインターネットは、FacebookやGoogle、マイクロソフトやTwitterなどの巨大プレーヤーによって "分割統治" されつつあります。このままそれが続くのか、古くて新しい分散型SNSという考え方に基づいたマストドンのムーブメントをきっかけにして変化が生まれるのかは、まだ誰にもわかりません。

　ただ一つ間違いないのは、このムーブメントに対して傍観者や評論家を気取らず、まず触れてみるべきだということです。激流のように流れ落ちる連合タイムラインを眺め、反射神経を使って一言トゥートしてみれば、何か掴めるものがあるはずです。

　私達は今後もこの本をバージョンアップし、続編や関連書籍を刊行することで、その時点での最新情報を読者のみなさんにお届けします。ニュースは専用アカウントのbookdon.jp/@newsから発信しますので、リモートフォローをお願いします。

　まだマストドンを始めてない方は、この本をきっかけに触れてみませんか？TwitterやFacebookにはない、新しい世界が待っています。

2017年5月3日
マストドン研究会

1.Mastodon (https://github.com/tootsuite/mastodon) is free software: you can redistribute it and/or modify it under the terms of the GNU Affero General Public License as published by the Free Software Foundation, either version 3 of the License, or (at your option) any later version.Mastodon is distributed in the hope that it will be useful, but WITHOUT ANY WARRANTY; without even the implied warranty of MERCHANTABILITY or FITNESS FOR A PARTICULAR PURPOSE. See the GNU Affero General Public License for more details.You should have received a copy of the GNU Affero General Public License along with Mastodon. If not, see:http://www.gnu.org/licenses/.

執筆者紹介

堀 正岳 (ほり まさたけ)

ブロガー、ライター、研究者。国立研究開発法人で北極における気候変動を研究するかたわら、ライフハック、IT、仕事術、文具などをテーマとしたブログ「Lifehacking.jp」を運営。Evernoteコミュニティリーダー、ScanSnapアンバサダー。著書に「知的生産の技術とセンス」（マイナビ新書、共著）、「理系のためのクラウド知的生産術」（講談社ブルーバックス）、「できるポケット Evernote 基本&活用ワザ 完全ガイド」（インプレス社、共著）、モレスキン 「伝説のノート」活用術（ダイヤモンド社、共著）モレスキン 人生を入れる61の使い方（ダイヤモンド社、共著）など多数。理学博士。

清水 亮 (しみず りょう)

株式会社UEI代表取締役社長兼CEO。東京大学客員研究員。深層学習を中心とした人工知能研究を専門とし、自らプログラミングも行う。著書に『よくわかる人工知能』（KADOKAWA）など多数。

江添 亮 (えぞえ りょう)

高校を卒業後、真にプログラミング言語C++を学ぶことのできる学校が存在しなかったため、独学でC++の標準規格を学びながら9年間ニートをしていたら株式会社ドワンゴに雇われる。今はC++の標準規格を追いかけ、新機能をいち早く解説している。またC++の参考書の執筆をしている。
ISO/IEC JTC1/SC22/WG21 C++標準化委員会　委員

ぬるかる

mstdn.jp管理人。実家でほぼ空焚き状態だったサーバーにマストドンを設置したらいつの間にか大事になって、ドワンゴへの就職が決まっていた。

神田 敏晶 (かんだ としあき)

KandaNewsNetwork,Inc.代表取締役。https://4knn.tv/、ITジャーナリスト、ソーシャルメディアコンサルタント。神戸市生まれ。ワインの企画・調査・販売などのマーケティング業を経て、コンピュータ雑誌の編集とDTP普及に携わる。1995年よりビデオストリーミングによる個人放送局「KandaNewsNetwork」を運営開始。サイバー大学客員講師。ソーシャルメディア全般の事業計画立案、コンサルティング、教育、講演、執筆、政治、ライブストリーム活動、海外シェアハウス運用などをおこなう。ソフトバンク孫正義の後継者育成私塾ソフトバンクアカデミア外部一期生として在籍中

岡本 雄太 (おかもと ゆうた)

製造業で働く非組み込みなITエンジニア。業務でJavaを使う傍ら、新興のJVM言語として登場したScalaの魅力に取り付かれ、Scalaプロダクトや関数型プログラミング、リアクティブシステムに関する海外記事の翻訳や講演などを行う。ScalaMatsuri準備委員（翻訳班長）。趣味はプロトコル実装で、また大学時代にP2Pをテーマに研究していたことから、連合SNSの基盤技術であるOStatusに興味を持った次第。実に十数年ぶりの非中央集権型コンピューティングのブームにwktkしている。なお、最近は自作キーボード沼にハマりキーキャップを買いあさっている模様。

高橋 征義（たかはし まさよし）

Web制作会社にてプログラマとして勤務する傍ら、2004年にプログラミング言語Rubyの開発者と利用者を支援する団体「日本Rubyの会」を設立、後に一般社団法人化し現在まで代表理事を務める。2010年にITエンジニア向けの技術系電子書籍の制作と販売を行う株式会社達人出版会を設立、現代表取締役。好きな作家は新井素子。

中原 義行（なかはら よしゆき）

子供の頃、Aボタンを押すとマリオがジャンプする現象を不思議に思い、その答えを探しに20歳でゲーム開発会社に就職。家庭用ゲーム機向けソフト開発、携帯電話向け音楽配信サイト開発/運営、ソーシャルゲーム開発/運営で約20年ゲーム業界を経験。クラウド/自動化というキーワードで活動するため2017年4月にクラウドエース株式会社に入社。エンジニア。

道井 俊介（みちい しゅんすけ）

ピクシブ株式会社リードエンジニア。1988年生まれ。久留米高専、九州工業大学を経て、筑波大学大学院システム情報工学研究科博士前期課程修了。2012年ピクシブ株式会社に入社。インフラチームとして画像配信、ログ解析基盤などを担当。現在はImageFluxのプロダクト責任者を務める。

守永 宏明（もりなが ひろあき）

株式会社grasys エンジニア。職歴は某大手企業の電話交換機の保守から始まり、商品先物取引オンライントレードシステムのクライアント開発、某ソーシャルゲーム会社の開発推進業務などを経て株式会社grasysにjoin。プログラマからインフラエンジニアへのジョブチェンがはかどることを自身で経験し、くすぶっているプログラマに教えてあげたいと思っている。GCP界隈のイベントでたまに登壇したりしてる。HashiCorpが好き。

◎本書スタッフ
アートディレクター/装丁：岡田章志＋GY
デジタル編集：栗原 翔

●本書の内容についてのお問い合わせ先
株式会社インプレスR&D　メール窓口
np-info@impress.co.jp
件名に『本書名』問い合わせ係」と明記してお送りください。
電話やFAX、郵便でのご質問にはお答えできません。返信までには、しばらくお時間をいただく場合があります。なお、本書の範囲を超えるご質問にはお答えしかねますので、あらかじめご了承ください。
また、本書の内容についてはNextPublishingオフィシャルWebサイトにて情報を公開しております。
http://nextpublishing.jp/

●落丁・乱丁本はお手数ですが、インプレスカスタマーセンターまでお送りください。送料弊社負担に てお取り替え させていただきます。但し、古書店で購入されたものについてはお取り替えできません。

■読者の窓口
インプレスカスタマーセンター
〒 101-0051
東京都千代田区神田神保町一丁目 105番地
TEL 03-6837-5016／FAX 03-6837-5023
info@impress.co.jp

■書店／販売店のご注文窓口
株式会社インプレス受注センター
TEL 048-449-8040／FAX 048-449-8041

これがマストドンだ！使い方からインス タンスの作り方まで

2017年5月3日　初版発行Ver.1.0（PDF版）

編　者　マストドン研究会
編集人　山城 敬
発行人　井芹 昌信
発　行　株式会社インプレスR&D
　　　　〒101-0051
　　　　東京都千代田区神田神保町一丁目105番地
　　　　http://nextpublishing.jp/
発　売　株式会社インプレス
　　　　〒101-0051　東京都千代田区神田神保町一丁目105番地

印刷・製本　京葉流通倉庫株式会社
Printed in Japan

ISBN978-4-8443-9772-4

NextPublishing®

●本書はNextPublishingメソッドによって発行されています。
NextPublishingメソッドは株式会社インプレスR&Dが開発した、電子書籍と印刷書籍を同時発行できるデジタルファースト型の新出版方式です。http://nextpublishing.jp/